# 禅庭设计

枡野俊明作品集

[美国]米拉·洛克 [日本]枡野俊明 著

张宁 胡笳 译

江苏凤凰科学技术出版社·南京

江苏省版权局著作权合同登记　图字：10－2022－54

**图书在版编目（CIP）数据**

禅庭设计：枡野俊明作品集 /（美）米拉·洛克，
（日）枡野俊明著；张宁，胡笛译 . -- 南京：江苏凤凰
科学技术出版社，2022.7（2023.11 重印）
　ISBN 978-7-5713-2998-3

　Ⅰ.①禅… Ⅱ.①米… ②枡… ③张… ④胡… Ⅲ.
①庭院 - 景观设计 - 作品集 - 日本 - 现代 Ⅳ.
① TU986.2

　中国版本图书馆 CIP 数据核字 (2022) 第 094607 号

禅庭设计　枡野俊明作品集

| | | |
|---|---|---|
| 著　　　者 | [美国] 米拉·洛克　[日本] 枡野俊明 | |
| 译　　　者 | 张　宁　胡　笛 | |
| 项 目 策 划 | 凤凰空间／周明艳 | |
| 责 任 编 辑 | 赵　研　刘屹立 | |
| 特 约 编 辑 | 周明艳 | |

| | |
|---|---|
| 出 版 发 行 | 江苏凤凰科学技术出版社 |
| 出版社地址 | 南京市湖南路 1 号 A 楼，邮编：210009 |
| 出版社网址 | http://www.pspress.cn |
| 总 经 销 | 天津凤凰空间文化传媒有限公司 |
| 总经销网址 | http://www.ifengspace.cn |
| 印　　刷 | 天津图文方嘉印刷有限公司 |

| | |
|---|---|
| 开　　本 | 965 mm×1 270 mm　1 ／ 16 |
| 印　　张 | 11 |
| 插　　页 | 4 |
| 字　　数 | 192 000 |
| 版　　次 | 2022 年 7 月第 1 版 |
| 印　　次 | 2023 年 11 月第 6 次印刷 |

| | |
|---|---|
| 标 准 书 号 | ISBN 978-7-5713-2998-3 |
| 定　　价 | 198.00 元（精） |

图书如有印装质量问题，可随时向销售部调换（电话：022-87893668）。

# 序
## 禅庭的复杂性

20世纪后半叶,日本出现了一种仅由砾石和岩石构成的石庭园,引发了人们的广泛关注。然而,在日本园林建造的悠长历史中,有许多类型独特的园林,出现的时间要比石庭园早很久。

日本第一个真正意义上的庭园出现于6世纪,属飞鸟时代(592—710),那时佛教开始从亚洲大陆传入日本。该庭园是佛教与道教相结合的产物,遵循中国传统宗教的习俗而建造。具体来说,主要特征就是在池塘中间建造一座假山。池塘代表海洋,假山代表中国的蓬莱仙岛(中国神话中的三神山)。传说在蓬莱仙岛上有隐士居住,他们炼制丹药,吃下后可以长生不老。

池塘和假山相组合的蓬莱仙岛式庭园延续了很久,从奈良时代(710—794)后期一直到平安时代(794—1185)。后来,净土宗庭园应运而生。这种风格是日本宗教发生重大变化的结果。佛教的角色从保护国家转变为关注个人的救赎。政治体制发生了变化,贵族取代皇帝全面夺取了权力。人们不再相信佛学旧义对于佛祖入灭后末法时期①降临而感到悲观焦虑,转而开始信任阿弥陀佛(净土佛教的主要佛陀),并真心希望安息于西方阿弥陀佛净土。在佛教史上,这种意识形态被称为净土宗,或净土佛教。

为了表达这种热切的愿望,金光闪闪的阿弥陀佛佛像被竖立起来,周围环绕一个像西方净土式的花园。具体来说,就是建造一个形式变化的池塘代表海洋,池塘的边缘象征沙滩。池塘中的一个大岛上种有一棵松树,金色的阿弥陀佛像被安放在闪闪发光的朱金大殿中。从岸边穿过一座拱形的太鼓桥②可以走近这座佛像。

毋庸置疑,源自平安时代的净土宗庭园,是延续至今的日式庭园的基础。如今,到日本旅游的外国人见之纷纷点赞的这种池水、绿植、奇石精妙组合的庭园,多数都是从净土宗庭园演变而来的。

我想我们可以看清净土宗庭园的两个典型特征:一是极乐世界(阿弥陀佛净土)式的精神天堂;二是将乡村缩小,化为园林。净土宗庭园的一个基本特点是日本列岛形状的海洋中丰富的绿色岛链。然而,到了镰仓时代(1185—1333),突然出现了净土宗庭园的有力竞争者,那就是石庭园。石庭园出现的背景是政治权力从贵族转移到日渐兴起的武士阶层。在宗教方面,禅宗佛

---

① 译者注:佛法共分为三个时期,即正法时期、像法时期、末法时期。释迦牟尼佛入灭后,五百年为正法时期;此后一千年为像法时期;再后一万年就是末法时期。

② 太鼓桥,日本拱桥的一种,因为隆起的拱形规整像半边太鼓,所以叫"太鼓桥"。

教开始出现。

对武士而言，未来需要上战场和面对死亡，对于这个问题的理解和思考必然导致他们对自身存在的深刻反省。因此，净土宗雕塑和园林的金碧辉煌是不合时宜的。武士遵循的佛教实践是禅宗。禅宗佛教重视内省事物的本质，远离令人眼花缭乱的表象和世俗的财产。因此，对于宗教训练而言，没有什么比坐禅更重要的了。

禅宗佛教的创始人菩提达摩是天竺人，他曾面对山洞中的石壁，自省九年，终于证得开悟。从那时起，岩石作为禅宗佛教象征的观念开始出现。这种观念从中国传到了日本。禅僧开始在寺庙中建造以岩石为中心的庭园。随着时间的推移，出现了像龙安寺①石庭园这样的精美花园。今天，继承这一传统的人正是枡野俊明。

欣赏枡野俊明的庭园，首先要理解他是一名禅僧。以前的禅僧面朝石庭，静坐默思，反躬自省的行为很常见。如今，我认为这种行为已经不多见了。日本镰仓市瑞泉寺和多治见市永保寺的庭园，均由禅宗高僧梦窗疏石②所建，他以建造禅宗石庭园而闻名。当人们游览这两处寺院时，上述面壁冥想、静坐沉思的行为仍然可见。然而，尽管这种刻苦修行的行为越来越少，枡野俊

明却仍在身体力行。即便如此，想要活在当下，摆脱世俗的种种欲望，也往往难以做到。所以，佛教的108种世间欲望中，肯定有一些已经被舍弃了。

虽然现在一些石庭园是由园艺师设计的，但这些庭园与枡野的设计风格却大为不同。与很多仿传统石庭园的设计相比，枡野的设计中每块岩石的形态和排列方式都颇具现代感。因此，他的设计与现代建筑相得益彰，天然岩石和人工凿石皆可利用。此前，野口勇③的现代雕塑目标也是基于他自己独特的雕刻方法，即只分割或切割天然岩石的一部分。枡野的庭园设计也属于这一范式。

禅宗佛学里，最后的障碍是超越自我意识。作为一位仍在不懈努力、坚持创作的禅僧，枡野的下一个创作主题肯定会在该领域中有所体现。

日本建筑史学家、建筑师，现任江户东京博物馆馆长
藤森照信

---

① 龙安寺，位于日本京都，创建于1450年，以其枯山水庭园闻名，被联合国教科文组织列为世界文化遗产。

② 梦窗疏石（1275—1351），日本临济宗高僧，宇多天皇九世孙，一生不求名利，精研佛法，也是造园巨匠。

③ 野口勇（1904—1988），日裔美国人，20世纪著名雕塑家，是最早尝试将雕塑和景观设计相结合的人。

## 本书介绍
## 现实的本质

"特别是在日常生活有限的空间里，我相信造园是有意义的……在当代城市里，我努力创造能够使人性得以回归的空间。想要重获内心的宁静，回归自我，只有庭园、大自然才可以提供空间让人们来感受这种美好。尤其对于今天的上班族来说，24小时待在一个恒温的建筑里面，很难感知时间和季节的变化。因此，这样的空间是必不可少的。"[1]

禅僧枡野俊明在太阳升起前就开始了他一天的工作。作为日本横滨建功寺的住持，他清早作务的样子看起来和其他僧人并无二致——身穿作务衣，脚踏草鞋，静静地扫地，宽松的裤子、领口斜交叉的上衣系在一侧。靛蓝色的作务衣和晨昏中树木繁茂的寺庙融为一体，扫地的节奏配合着他轻柔的呼吸，偶尔被清晨的鸟鸣声打断。

"作务衣"的字面意思是作务时穿的衣服，作务即在禅宗寺庙中进行体力劳动，这也是精神修行的组成部分。作务不仅仅是简单的日常劳动，如准备饭菜、擦洗地板或打扫庭园，更是一种在日常生活的点滴中寻找佛性的修行训练。尽管涉及体力劳动，但作务与枡野每天做的另一种禅修训练——坐禅并无过多区别。坐禅，是一种静坐冥想的修行方式。

对于作务和坐禅来说，目标都是让心灵摆脱世俗的烦恼，并努力实现精神觉醒，即开悟。两种训练都是为了使练习者"以宁静的心灵乐观地对待日常生活和自然界中的每个具体事物和事件"。[2]这些训练从身体的调整开始。无论是坐禅还是站着切菜，正确的姿势可以使人内心平静，将注意力转向呼吸。吐纳之间，每一次呼吸"仿佛具有为人的身心注入新能量，并从人体内排出

▶ 在日本镰仓的一处私人住宅中，滑开障子屏风，映入眼帘的是水从竹嘴口滴入澄心庭的手水钵中的景象，声亦可闻。

负能量的功效"。³正确的姿势和呼吸既然可以帮助清醒的人进入冥想状态，那么无论是通过一动不动的坐禅，还是通过重复劳作以达到肌肉记忆的作务，修行者其实都是通过姿势和呼吸来获得心灵的宁静。

像所有禅修者一样，枡野俊明将作务和坐禅作为他日常训练的一部分，或称修行，也可以理解为"修身"。但与多数禅修者不同，枡野还是一位造园大师，他认为设计工作也是修行不可或缺的一部分。在这种情况下，他的修行不仅包括对每个设计的每个要素——每一块岩石、每一棵树和植物的特性的深入了解，还包括了解具体的地点以及客户的特殊要求和愿望。虽然禅僧追求

美学的历史很久远，包括设计寺院和茶室的庭园，而枡野本人也受到了梦窗疏石⁴、一休宗纯⁵和村田珠光⁶的影响，但是当代既是禅僧同时又是园林设计师的人不可多得。不过，对于枡野俊明来说，这两种角色已经融入了他的生活。

1975年获得农学科大学学位，1979年完成正式的禅僧修行后，枡野于1982年开了一家设计公司——日本造园设计事务所。从那时起，枡野将禅修、教学与他的园林景观设计、建造过程相结合。虽然他穿着草鞋和作务衣开始一天的劳作，但一旦早修完成，他就会换上木屐和僧袍，或主持寺院的仪式，或与相邻办公室

◄ 位于中国深圳的一座高层写字楼的第48层，可以俯瞰这座城市，圆缘庭将几何和自然元素戏剧性地结合在一起，粗糙的岩石像一座座岛屿，分布在矩形水池中和阶梯式椭圆形石台上。

▲ 在中国青岛一个被四座公寓楼环绕的大型花园——龙云庭的安静角落里，雕刻过的黑色花岗岩石块被摆放在其中一座公寓楼的石墙外，仿佛注视着整座花园。

的设计团队开会,忙碌不停。如果当天需要前往建筑工地,枡野会换回作务衣,穿上分趾工作鞋。在场地中排列摆放岩石和植物的时候,枡野会兴奋不已,因为这些汇聚了他作为禅僧和园林设计师的全部知识,是他禅修的高潮。他的目标是理解和完美地表现庭园中每个元素的精华,以便营造一个空间,让观众可以体验到与自己的意识相似的正念联系,这也是禅修的一部分。

为了帮助身处21世纪的人们实现生活中的平衡,有一个目标驱动着枡野作为禅僧和设计师的工作,那就是在混乱的日常生活中创造一个可供冥想和沉思的空间。他感受到当今繁忙的城市生活给人们带来的压力,并努力通过他的庭园、景观以及文字给人带来宁静。枡野俊明撰写了100多本关于禅宗修行和教义的书籍,加之他自己设计和建造园林的经历,足以说明在正念生活方面他是一位备受尊敬的权威。

▶ 在中国香港柏傲山公寓山水有清音庭园中,一个抛光石架从纹理分明的巨石中伸出,其光滑的表面和直线造型与粗糙的、形状不规则的巨石形成鲜明对比。

▲ 在火车站屋顶这样一个不寻常的地点，枯山水式的坐月庭为人们提供了一个安静的冥想空间，也隔开了日本横滨市鹤见区的喧嚣和热闹。

本书通过枡野俊明与建筑师藤森照信之间的对话，以及对枡野的园林设计思想和设计过程的回顾，深入探究了他的设计理念。本书还收录了2012年至今，枡野俊明在5个国家完成的15个独特的庭园和景观作品，作为冥想和沉思的场所，通过分析这些庭园和景观，也为个人进行认真思考提供了空间。

枡野俊明深知现实世界留给人们自省的时间和空间很少，往往令人感到苦闷。用他的话说，"庭园是心灵栖息的特殊场所"[7]，是一个可以逃离信息过载的现实世界、独自思考并找寻宁静和真理的地方。斯蒂芬·阿迪丝（Stephen Addiss）和约翰·戴多·劳瑞（John Daido Loori）在《禅宗艺术书：启蒙的艺术》（*The Zen Art Book: The Art of Enlightenment*）中对此做了很好的总结：

禅宗艺术伟大而深刻的内涵所展示的不过是一个发现和转化的过程，这非常重要。如果我们能够享受这个过程并愿意参与其中，就可以找到回归我们内在的不完美，找寻我们生活的内在智慧的方法。这不是一件小事。[8]

## 关于语言

书面语中的日本人名遵循典型的日语顺序，即姓在前，名在后（与英语相反）。有一种情况例外，即在日本国外闻名的人，比如枡野俊明、藤森照信和伊东丰雄等。

书面语中使用的日语单词以罗马字母书写，基于使用改良过的赫本系统①的语音发音。辅音的发音与英语相似，g总是硬音。长音符用来表示长元音，东京（Tokyo）和京都（Kyoto）这样的词除外，它们在英语中已经很常见了。枡野担任住持的建功寺（Kenko-hji）也是一个例外，该单词在字母o之后使用h而不是长音符号（ō）。元音的发音规则如下：

a是ǎ，如在父亲（father）一词中（ā表示加长音；也写成aa）。

i是ē，如在问候（greet）一词中（ī表示加长音；也写成ii）。

u是ū，如在靴子（boot）一词中（ū表示加长音；也写成uu）。

e是ě，如在宠物（pet）一词中（也写为é）。

o是ō，如在修剪（mow）一词中（ō表示加长音；也写成oo或ou）。

词汇表包括每个字的日语字符——源自中国的汉字表意文字和基于语音的两个假名，平假名（现用于日语单词或日语单词的一部分）和片假名（现主要用于外来语的借词）。

日语中名词可以是单数也可以是复数。

为表意清晰，我在寺庙名称后面加上了寺或院（temple）一词，例如"龙安寺"（Ryōanji temple）和"大仙院"（Daisenin temple），尽管龙安寺中的"ji"和大仙院中的"in"已经都是"寺庙"的意思。同理，庭园（garden）一词也可能跟在庭园的名字后面，如"听闲庭"（Chōkantei garden），尽管"tei"即是"庭园"的意思。

我借用了大卫·斯劳森（David A. Slanson）②在《日本园林艺术：设计原则和美学价值》一书（1987年，第200页）中对岩石和石头的定义。他说：日语中的"石头"(seki)，用在庭园中指代自然界中的岩层时，我将其翻译为岩石（rocks）；作为踏脚石或铺路石（无论自然或人工压平），又或被雕刻（石灯笼、水盆、宝塔）、劈、锯（用于铺桥架路的石板）时，我将其翻译成石头（stones）。

米拉·洛克

---

① 赫本系统是一种使用罗马字母来为日语的发音进行标注的拼音方式，由幕末时代至日本行医的长老教会美国籍牧师詹姆斯·柯蒂斯·赫本（James Curtis Hepburn）所设计，是第一套在假名与罗马字母间有严格的一对一关系的日文标音系统。

② 大卫·斯劳森（1941—2021）是在美国从事日本传统园林设计工作的首屈一指的景观艺术家。

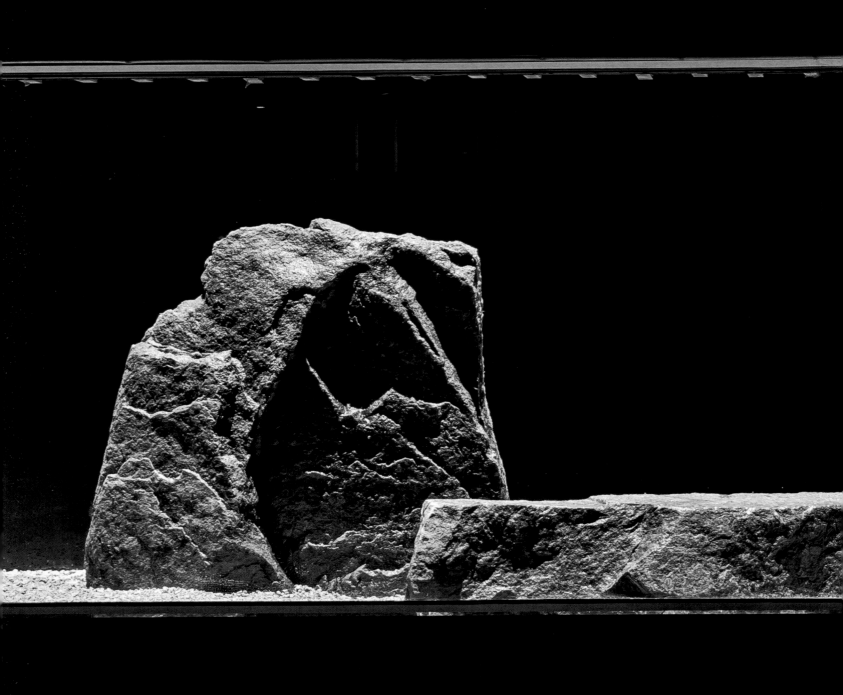

图为山水有清音庭园中的众多景观之一，位于中国香港的公寓楼里。长
长的矩形窗中有一组岩石设计，坐在相邻公共区域的人们可以平视这一
景致。

# 目　录

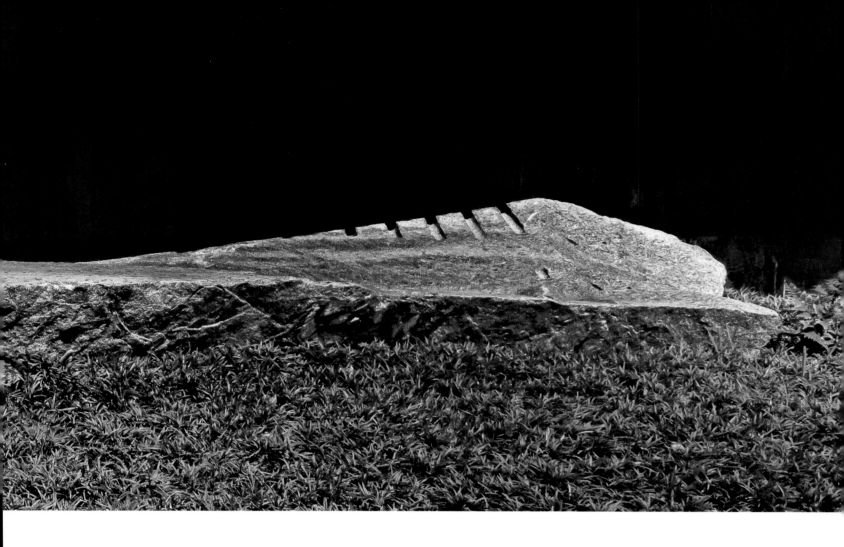

# 第一部分
# 私人住宅中的庭园

"禅庭的布局中究竟隐含着怎样的理念?在禅宗中,人的思维变化被称为心悟或意识。心悟由两个字组成,一个字的意思是'心',另一个字的意思是'知道'或'辨别'。在这个词的禅意中,第一个字是指心理活动,第二个字是指判断。例如,下面这句话'那个人使我挂念和感兴趣'是心理活动,而'因此我喜欢他'则是判断。

"然而,当这种意识渗透到心灵的每一个角落和缝隙时,它就会变成一种无意识的行为,因为意识的界限进入了无意识的领域。因此,设计禅庭并不像是富人的爱好那样,能够轻松地吸引人们的注意力。设计师必须直奔主题,创造一些给人们留下持久印象的东西。禅意庭园应该与观赏者融为一体,令人难忘,从而成为人们生活中必不可少的一部分。庭园的主人与观赏者的关系也是如此,他们也因庭园联系在一起。"[1]

无论在日本还是别的国家,为私人住宅设计花园时,枡野俊明的目标是创造一个具有"持久印象"并"成为业主生活中必不可少的一部分"的庭园。特别是对于私人住宅来说,业主每天都与庭园生活在一起,经常在进行维护保养的同时观察和欣赏它,因此庭园须为业主的生活增添正能量,而不是成为一种负担。为了实现这一目标,枡野不仅需要仔细考虑庭园的外形元素和工作进度,如客户的需求、庭园各个部分的布局和关系、庭园内外的景色、植物类型等,而且还要注意庭园整体的氛围和带给人的感受。为此,他在设计中融入了日本以心见诚的理念,即热情好客的精神和无微不至的服务,且不求任何回报。

一般认为日本茶道大师、侘茶或草庵茶的创始人千利休(1522—1591)将以心见诚的理念确立为茶道的精神,[2]这一精神超越茶道的范畴,扩大到日本文化的方方面面。这一理念融合了真诚无私的精神和对个人努力的自豪感。对枡野来说,以心见诚理念是他禅修的一部分,并体现在他的庭园设计中。[3]忘掉自己,专注于客户的需求,以无我的心态出发,再考虑场地的条件、潜质和气场。

在枡野俊明的设计中,佛教的"无我"概念与他的"佛性胜于自我"的想法有关。[4]通过禅修,特别是每天坐禅,枡野能够以开放、无私、无我的心态进行设计。这使他能够将每个庭园元素的气场和精神联系起来。通过这种方式,以无我的心态开始每个设计,并将其与以心见诚的理念相结合,以枡野的禅修和日本文化为基础,设计庭园,使其"成为业主生活中必不可少的一部分"。

# 山水庭
## SANSUITEI

中国上海，2015

▶ 山水庭创造了有深度感的空间，与自然紧密联系，三面环绕着住宅，在每个房间都能欣赏到不同的景观，获得不同的体验。

◀ 整体给人一种山间小径的印象，斑驳的阳光透过松林，洒在林间小路上。顺着踏脚石铺就的小路，穿过长满苔藓的土丘，可以一直通向石灯笼，然后隐入远山深处。

▲ 客厅的窗户勾勒出庭园的景致，给人一种私密感和与世隔绝的感受，而画面的空间感仿佛又超出了目力所及的范围。

　　结合深山远景和潺潺流水的意象，枡野俊明以闲坐看山水的禅意表达，设计了山水庭（字面意思"山水庭园"）。意在让人心灵平静，自由地欣赏自然风景，正如山水代表自然。受这个名字的启发，枡野要设计一个庭园，鼓励观赏者以开放平和的心态静静地领略自然风光。

　　上海郊区的高档住宅里有一处私家庭园，业主将房屋内外装修成更现代的风格后，还想更新绿地。出于对佛学的兴趣并希望住宅中留有冥想空间，业主邀请枡野来设计新的庭园。枡野的目标是尽可能多地保留现有的树木，同时设计一个与房屋建筑风格一致的全新庭园。

　　庭园从东、北和西三面环绕着住宅，并以两种不同的方式展示了山水的每个元素。由于庭园主要是从房屋内部向外看，因此枡野特意设计了每个窗外的景观。该设计能够充分利用庭园的每个部分来突出不同的山水特征，从而丰富视觉多样性。

第一个视点来自客厅，眼前是一条山路，从松树之间通向远处的瀑布。日语字面意思即"龙门瀑布"，由一组产自中国的干燥景观岩石组成，代表一条鲤鱼逆流而上试图跃过"龙门"。龙门瀑布是佛教用语的意象，指的是在禅悟之路上的修行。从瀑布中延伸出一条灰色的砾石小径，在长满苔藓的小土丘周围盘旋，土丘边生长着几棵松树，仿佛要潜入房屋下面。从客厅大观景窗边上的门向花园南端移动，一组踏脚石穿过砾石和苔藓，通往一条石砌小路，路尽头是一个石灯笼。石灯笼在西庭的松苔之间占据着重要位置。

庭园北侧餐厅外面，以水为主题的小型庭园中点缀着一个室町时代（1334—1573）风格的石灯笼。白色砾石铺满地，象征静止的水面。水面上有一个石灯笼，几块精心放置的岩石，岩石围拢的小岛上长着一棵松树。松树斜插拂过"水面"，体现了大自然的力与美。透过镂空的朴素白墙，可以看到墙外郁郁葱葱的树木，构成庭园的背景，宁静祥和。

餐厅东北角方向，枡野改造了现有的锦鲤池，以契合庭园主题。水流顺着黑色薄石堆叠的水道流进一个小小的方形池塘，发出令人心情舒缓的声音，即使关窗也能听到。鲜红色的锦鲤与池水、瀑布相互映衬，波光粼粼，充满活力。

◀ 山林深处影幽幽，青苔石旁水涟涟。简单的方形手水钵被放置在一块粗糙的圆形石板上。

▲ 从餐厅可以看到不对称的小庭园，一个室町时代的石灯笼立在由砾石铺就的"水"中，一棵精心栽培的松树斜倚在岸边。

▶ 餐厅外的方形锦鲤池边上，薄薄的黑色石板构成了一道纹理分明的瀑布，带给人视觉和听觉的冲击。

主人的冥想室位于池塘南边，一侧可以看到瀑布，也可以看到以山为主题的东庭的狭小部分。这一狭小部分是一个安静的冥想空间，只有一些简单的元素。小小的灌木丛坐落在角落里，旁边长着几根竹子。以此为背景，一个低矮的石灯笼被放置在粗糙的岩石上，灯笼边缘的圆润与基座岩石的粗糙形成反差。基石位于砾石和苔藓之间。右侧有一棵小树，与一人高的白色围墙并排，围墙后面是高大的多叶树木组成的背景。

从厨房和餐厅角落可以看到，呈三角形的东庭从这个狭窄的点向南扩展。从此处也可以明显看出，冥想室

外的白色围墙是一组围墙的一段，通过空间的分层创造出一种纵深感，同时也减少了来自相邻道路的噪声。墙壁上点缀着郁郁葱葱的绿植：乔木、灌木和低矮植物。各种尺寸和形状的树叶为山景提供动感和色彩。圆形的岩石作为踏脚石，被安放在长满苔藓的山丘上，前方是手水钵——一个石头雕刻的水盆，用于洗手和漱口。这个方形水盆是枡野从京都带来的，由西村金藏和西村大藏父子雕刻而成。水盆每个侧面各有一尊佛像，四角雕刻猫头鹰，寓意幸福安康。手水钵坐落在几块岩石中间，其中一块岩石上放置着另一个低矮的石灯笼。

▼ 郁郁葱葱的青苔像地毯，橙色和灰色的圆形踏脚石被安放在青苔覆盖的土丘上，前方是一个正面刻有佛像，四角雕刻猫头鹰的手水钵。

▼ 几根竹竿以干净的白墙为背景，一个方形石灯笼放在地上，将焦点带到由砾石铺就的"水面"边缘与长满青苔的"堤岸"交汇处。

▲ 从厨房和餐厅的角落看去，白色墙壁的交错部分以高大的树木为背景，产生了空间分层，似乎远远超出了庭园的实际边界。

▶ 打开餐厅后部的一扇侧窗，可以看到庭园中的隐蔽区域。虽然隔壁的住宅很近，但简单的元素——砾石中生长的竹子和白墙前的单一石雕，给人一种从容、宁静而又私密的感觉。

水盆和石灯笼上明显的手工雕刻形状和图案与庭园的自然景观形成鲜明对比，象征着人与自然的和谐共生。这种人工和自然元素的结合，包括山和水、白墙和绿植的设计，为这个精心打造的山水庭增添了另一层内涵和乐趣。

## 设计原则

### 象征寓意

从历史上看，日式禅庭融合了代表佛教的重要符号或概念的各种元素。例如，岩石可以用来象征鹤或乌龟，代表长寿和健康。枡野俊明根据佛教的教义，在禅悟的道路上不断修行，常常建造瀑布作为"龙门瀑布"，代表鲤鱼逆流而上试图跃过"龙门"以达到开悟。

# 澄心庭
## CHŌSHINTEI

日本镰仓，2016

▲　参观画廊的访客从正门进入，庭园的白色围墙连接着右侧画廊所在的建筑。迎接访客的是庭园两侧的近景，以及通往画廊入口的一小段踏脚石路。

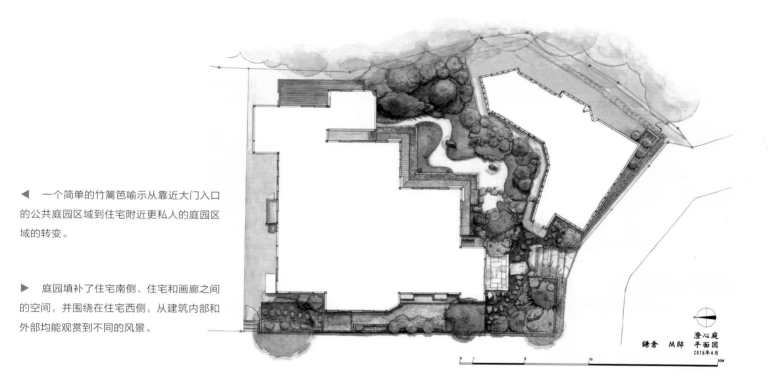

◀　一个简单的竹篱笆喻示从靠近大门入口的公共庭园区域到住宅附近更私人的庭园区域的转变。

▶　庭园填补了住宅南侧、住宅和画廊之间的空间，并围绕在住宅西侧，从建筑内部和外部均能观赏到不同的风景。

镰仓　M邸　澄心庭
平面图
2016年4月

镰仓曾是日本古都之一，是一座有着悠久历史和灿烂文化的城市，也是佛教禅宗最早在日本扎根的地方。枡野俊明为一位修行禅宗的客户设计了镰仓的澄心庭，他希望翻新现有的庭园，部分用于冥想。此房产的前任业主是一位艺术家，现任业主在此住宅的另一栋建筑中管理艺术画廊。枡野希望庭园能够连接两座建筑，同时提供不同的景观来让业主享受大自然的美好。他还希望尽可能多地利用现有的树木和岩石。

禅宗中有"山光澄我心"（意指在欣赏崇山峻岭时产生的意定神清之感）的说法，枡野为该建筑和庭园命名的深意就来源于此。主屋是山光轩，字面意思是"山光屋檐"，取自"山光澄我心"的前半部分。合心庵意指"自我意识的消退"，是画廊建筑的名称，来源于我的心。澄心庭的意思是"精神澄明的庭园"，枡野旨在设计一个业主可以与之对话并感受到精神澄明的庭园。

▲　踏脚石小径被砾石中间的一块平坦的石板打断，石板连接起主入口和房屋入口外的石台。

▲　画廊入口处是一个石制的手水钵，周围有绿植和岩石掩映，访客在进入画廊前可以停下来洗手、漱口。

对参观画廊的人来说，庭园给人的体验与业主的访客有很大不同。从街口进入，几块随机摆放的踏脚石组成一条小径，通向大门入口，入口处稍稍偏离轴线再往前，是房屋的前门。前门外是一座高出地面的石台，石台下方铺满白色砾石。一块大型踏脚石紧邻石台摆放，仿佛一座桥横跨在砾石河之上。桥的两侧，几块踏脚石"浮"在砾石"河面"上。左侧经过一个有岩石的区域，是一座长有幼竹的小山丘和一个石灯笼，石灯笼侧翼生长着一棵黑松树和一棵大果山胡椒树。在庭园翻新以前

石灯笼就存在，目前有些风化，由5块石头堆叠而成，维持一种微妙的平衡，似乎暗示出某种脆弱的耐久力。

踏脚石经过石灯笼后通向一扇木门，门后是一个带有木栅栏围墙的私人庭园。一株木斛或日本厚皮香树高出木栅栏围墙，高架花盆中的竹子排列在围墙外侧。木栅栏围墙的远端，踏脚石小径穿过一片绿树成荫的砾石区域，又是一道木栅栏和一扇门，连接着后方建筑。

回到主入口附近，在桥形岩石的对面，踏脚石直接通向画廊的入口。入口右侧，几块踏脚石指向庭园角落

▶ 透过画廊中一扇低矮的窗户，可以看到庭园一角令人意想不到的景色，提醒人们不要忘记外面的自然美景，将人与自然联系在一起。

▼ 砾石"河流"沿着青苔覆盖的岸边蜿蜒流淌，时而变窄，时而变宽，河流中的巨石激起柔和的涟漪。

里的手水钵。手水钵属于绿植中间的景观岩石组合的一部分，提供了一处进入画廊前驻足、净手和漱口的地方。

从入口到画廊，庭园的主要部分隐藏在高大的树木之后。虽然业主非常注重画廊内部的陈列，以突出艺术性，但几个重要节点设置的窗户可以看到庭园的景色。在画廊入口处，有一个大大的窗户，透过它可以看到庭园和庭园后面的房屋，就像一幅画，画中满是苔藓的土丘上长着几棵树，树影之下点缀着一些蕨类植物和景观石，错落有致。走进画廊深处，一扇低矮的窗户刚好位于地板上方，令人出其不意地瞥见庭园一角。

从正房开始，一条木制缘侧（一种传统的狭窄木制露台式设计，用于连接室内房间和庭园的外部空间）沿着房子的外墙蜿蜒曲折，串联起了房屋和一侧的庭园。枡野将第二个手水钵设置在了缘侧旁边，方便业主使用。此处的手水钵有多种用途，除了在进入花园前进行清洁之外，竹嘴口流入其中的水声亦可反衬出花园的宁静。此外，枡野在手水钵旁边设立了一个水琴窟——埋在地下的罐子，当水滴入时，水琴窟会发出悦耳的叮咚声，这是在为数不多的庭园中才会出现的不寻常之处。从手水钵中舀出的水流淌在其下面的岩石上，流入埋藏在地下的陶罐中，从而产生了水琴般柔和的音调，为庭园提供了旋律舒缓的声音背景。

▼　从房屋的缘侧上可以看到东南角的山景，借助庭园旁高大的树木的映衬，显得格外雄伟壮观。

▲ 坐在主屋内的榻榻米上，传统的外露木柱和横梁结构以及可滑动的屏风，营造出庭园的框架景观。

▶ 为了能够在寒冷时节从房屋内部，或是温暖时节从缘侧上观赏庭园夜景，枡野俊明为庭园设计了隐藏式聚光灯，将视线焦点集中在某些特定的元素上。

从手水钵起，一片起伏不平的白川砂砾石像河流一样穿过庭园，流过缘侧下，在长满苔藓的小丘之间流淌，在景观石周围被耙成涟漪状。在正房和画廊之间穿流而过的砾石河流为花园增添了强烈的动感，并将视线引向庭园的隐秘区域。

坐在缘侧上或室内的榻榻米地垫上可以观赏庭园的景致。枡野将庭园中的几个不同区域组合起来，使之呈现出不同的风景。多种高大的乔木和灌木并排生长在画廊的外墙之外，成为布满苔藓的小丘的背景。另一盏石灯笼坐落在梅树下，位于庭园内的显眼位置。梅花晚冬盛开，枝叶夏繁冬落，尽显季节的更替，而石灯笼却始终如一。

随着砂砾如河水般地流动，枡野在茂盛的青苔上嵌入了景观石。石头推入"河"中，激起微微的涟漪。枡野利用庭园后的现有树木，采用借景手法，在庭园的尽头将岩石、绿植、灌木和乔木层次分明地组合起来，营造出令人置身于深山之中的感觉。凭着这种幽玄之感，或"神秘的深邃"，此时的庭园令人内心平静安详。然而，浓浓的绿意与洁白的砾河形成鲜明对比，给人一种神秘的张力。庭园的设计让观赏者有机会闻到树木的气味，听到鸟鸣声和水琴声，看到树叶婆娑和树影斑驳的景象。这是与真实的自我面对面的时刻，也是了解个人澄明心灵的时刻，澄心庭因此得名。

▶　水从竹嘴口流入石制手水钵中，手水钵被设置在水琴窟上方。当水流到手水钵下面的石头上时，水琴窟会发出柔和的叮咚声，吸引人们的注意。

▲ 青苔覆地的土丘背靠着乔木和灌木，营造出宽阔的山地地形感，为房屋和画廊之间打造出缓冲区域。

### 借景

　　将庭园外的风景作为庭园构图的要素，即为借景。日本一些庭园景色的打造就是结合了远山或其相邻寺庙的屋顶。使用借景手法，可以将观者与庭园外的世界联系起来，同时仍使其沉浸在庭园中。借景的有效使用离不开树篱或墙壁，它们可以分隔前景并衬托外部风景。

# 归稳庭
## KIONTEI

中国唐山，2016

▶　为平衡西式建筑的强烈存在感，枡野俊明亲手雕刻了这块高大的景观石，并放置于庭园中。他在柱状岩石上留下了采石过程中的钻孔痕迹，并在天然石材上雕刻了一个圆圈，以显示人工痕迹。

　　河北省唐山市从一个煤矿小城发展成为中国最大的重工业中心之一。1976年，一场强烈的地震袭击了这座城市，造成了巨大的生命财产损失和建筑环境的灾难性破坏。唐山的灾后重建包括对城市的彻底重组。今天，这座繁荣的城市是中国领先的钢铁基地，拥有繁忙的港口和重振后的工业。

　　枡野俊明参观的场地位于一个新住宅区，周围环绕着二十多层的高楼，这对于建造日式庭园来说，极具挑战性。L形庭园紧邻一座大型经典欧式住宅，入口处包括宏伟的立柱和希腊式三角形楣饰。原来的庭园带有一个日式风格的瀑布，因此业主产生了使用更多日本元素重新设计整个庭园的想法。枡野接到该委托时，并不确定如何将日式风格的庭园与西洋建筑融为一体，他对周围的高楼大厦颇为担心。

　　尽管如此，枡野还是同意承接这个项目，并认真考虑了如何在场地具有挑战性的情况下创造一个宁静的户外空间。虽然业主经常到中国的其他城市出差，但他把唐山称为家，想要一个可以放松身心、放慢生活节奏的地方。枡野根据禅宗术语"归家稳坐"，取名"归稳庭"，意为归家静坐。他还选择池泉洄游式风格设计庭园，充分利用大场地，将业主父母的相邻房屋连接起来，并为业主设计了一条漫步的小路，让他充分享受庭园世界。一大一小两个池塘，加上流动的瀑布和溪流，让庭园景色极具变化，提供不同的观赏体验。

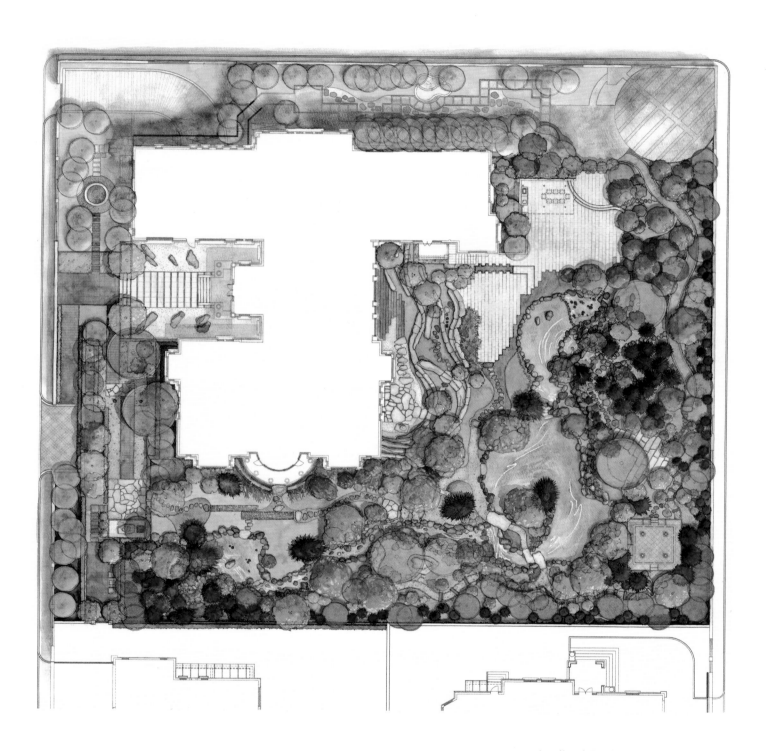

▲　位于房屋西侧的中央正门旁的小庭园中，几块朴素坚硬的景观岩石与房屋南侧及东侧由小径、池塘、土丘、瀑布组成的丰富多彩的庭园形成鲜明对比。

日式庭园的第一个迹象，便是位于前门中轴线两侧的枯山水风格的砾石和岩石区域。气派的西门由高大的立柱和经典的希腊式三角形楣饰构成，与巨大的中国花岗岩石相得益彰。简洁的枯山水风格，仅靠使用大块的花岗岩和砾石铺就，与整个建筑融为一体，又别具一格。

庭园围绕在房屋的南侧和东侧，提供了两种主要观赏方式——静坐向外眺望，或沿着小径穿过绿植和流淌的溪流。从房屋内部向外望去，石头铺就的小院连接起了刚性几何形状的房屋和自然形态的庭园，并提供了坐下来赏园的地方。东侧门厅朝向大池塘和瀑布，而客厅则通向南侧小院，可以看到一个较小的池塘。枡野设计这些景观的重点是打造庭园，并尽可能地遮挡周围的高楼。

为避免受到附近高楼的影响，营造出沉浸于庭园中的氛围，枡野在庭园的一些区域建造了"山"，并在上面种植了高大的树木，以遮挡周边视线。通过创建这些区域，枡野可以充分利用地势的优势设计由岩石组成的瀑布。瀑布高2.5米，水从高处落下，快速流入大池塘，也为庭园营造出舒缓的背景音。业主可以静坐聆听水声，欣赏山上的绿意盎然景象：层层叠叠的植物、灌木和大树，还有岩石排列其间。

坐在房屋旁的小院里，可以清楚地看到山景，听到流水声。然而，当沿着小径漫步时，这美妙的声音和景色则时隐时现。以流水、瀑布和池塘作为庭园的主要元素，枡野设计了归稳庭，并通过不断变化的景色、声音和感受来表现出强烈的自然感。他认真思考了一个人将如何穿过庭园，并为此设计了漫步小径，以满足不同的自然体验需求。

小径的路面也不尽相同，时而是垫脚石，时而变为连续的无规则岩石或方形铺路石板。有时，小径伴着一条欢快的溪流延伸，突然遇到一块石板或粗糙的垫脚石横跨在水面上。其余时候，小径蜿蜒向前，穿过葱郁的绿地，潜入池塘，爬上东南角的高地。那里有一座唐代风格的木制凉亭，既提供了安静的休息之所，还能回望庭园和住宅。

▲ 一条石径通向宁静的池塘，池塘边环绕着绿树和开花灌木，池水连通着池边瀑布。尽管附近高楼林立，但此庭园却是城市中的宁静之所。

▲ 住宅东侧的小院边上，枡野设计的石雕作品在房屋和庭园景观之间起到了连接作用，展示了岩石的力与美。

▲ 通过建造"山丘"、栽种高大的树木、设置瀑布，枡野俊明能够做到过滤城市的声音，遮挡附近的高楼，同时创造了一个充满自然美景的宁静绿洲。

从凉亭北侧下来的小径在山后蜿蜒，经过之处有大瀑布，还有庭园边上的树木。在该场地的东北角，小径与一个条纹石铺就的小院相遇。小院的一侧与业主父母的房屋相连，并通过几块踏脚石，连接到另一侧岩石铺地的院落。院落的一角靠近房屋的地方有一个带顶棚的烧烤点。脚下的铺路石向池塘和周边延伸，尺寸逐渐缩小，直到变成了一条步行小径，穿过草地，通往房屋东侧的门厅。

▶　沿着蜿蜒的砾石小径行走，一块浅红色石板平铺在溪流之上，成为一座小桥。石板与砾石颜色各异，桥面与小径泾渭分明。桥面石板与房屋东侧小院铺就的石头颜色相同，形成了一种呼应。

▼　为了在住宅和景观之间创建一个过渡区，枡野设计庭园时融合了一些建筑元素，如与住宅相邻的小院和凉亭，而在远离住宅的庭园处，则强调自然元素，如溪流和山丘。

从西侧正门入口向庭园的东南角移动，石砖铺就的小路通向大
片砾石区域和几棵再利用的石化树桩之间。

糙石叠成的矮墙弯弯曲曲，将长满青草、灌木和树木点缀其间的山坡层层围住。踏脚石小径"穿过"山坡，连接起房屋和庭园。在房屋前面靠近门厅的位置，有一片铺设踏脚石的碎石区域，将人的目光和脚步自然地引导至一块大型石板上的粗糙石柱面前。石柱上开采时的钻孔痕迹和裂缝彰显了大自然的力量，同时展示了人工的痕迹。从雕塑和房屋处向庭园望去，高低起伏的矮墙给人以波动感，为深邃而多变的庭园创造了一个令人震撼而又宁静的前景。通过多种元素的运用，以及高度和景色的变化，景观与经典建筑相融合，同时避免了周边高楼的影响，枡野不仅完成了此次挑战，也实现了他要创造一个安静的休闲场所的目标。

◀　为了让住宅石墙和东侧庭园之间过渡自然，枡野俊明设计了一座纪念碑式的石雕。石雕的两个角上留有采石过程中的钻孔痕迹，展示出岩石的粗糙自然属性和人工痕迹。

▶　弯曲的糙石矮墙阻挡住了青草遍地的山丘，庭园小径向东侧庭园下坡延伸。一块巨大的船形岩石从附近的山丘上凸出来，与柔和弯曲的矮墙形成强烈对比。

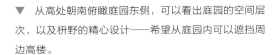

## 设计原则

### 自然

　　久松真一在《禅与艺术》(1971)中将自然的概念确定为禅宗美学的七大主要特征之一,这既反映了日本园林的人造特质,也反映了自然的可变性。大自然总是处在运动和变化中,日本园林通过利用随风而动且随着季节而变化的植物和树木来展示这一特点。

▲　作为庭园小径上的休憩之所,唐代风格的中式凉亭为深邃的庭园提供了阴凉和景致。

▼　从高处朝南俯瞰庭园东侧,可以看出庭园的空间层次,以及枡野的精心设计——希望从庭园内可以遮挡周边高楼。

# 听闲庭
CHOKANTEI

日本横滨，2017

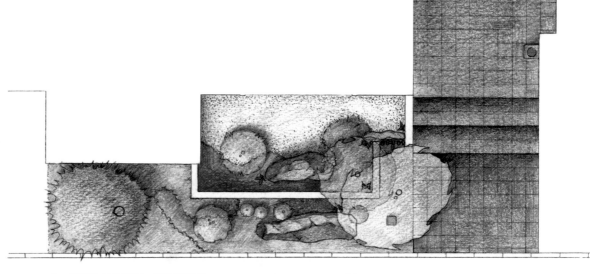

▲ 石砌入口步道旁，朝南的双分式前庭包括一个临街庭和一个由墙隔开的只能从住宅内部才能看到的小庭园。

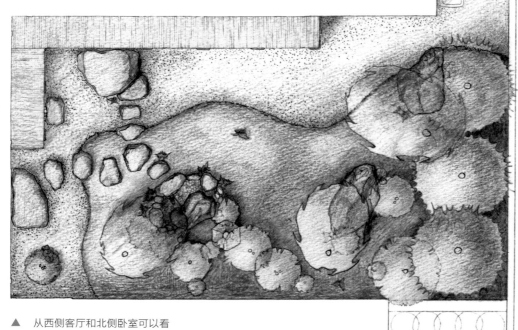

▲ 从西侧客厅和北侧卧室可以看到主庭，它位于非常封闭的空间内，砾石"溪流"的设计使其看起来超出了本身的边界。

面对一位生活忙碌、几乎没有时间休息的业主，枡野在设计听闲庭时想到了一种特殊的禅意表达。

见客户时，得知他日常工作繁忙，枡野想起了谚语"忙中偷闲"，意思是一个人再忙，总有闲暇的时间，由此他想到了庭园的名字——听闲庭（Chōkantei）。从字面上看，"chō"的意思是"聆听"，"kan"是"休闲"，"tei"是"花园"的意思，因此"Chōkantei"的意思是静静地待着不动，花时间聆听大自然的声音。枡野将庭园设计成一个让业主可以从忙碌的工作中得以喘息并放松休闲的地方。同时，庭园也是住宅的核心、家庭聚会的地方。

这座以现代风格建造的住宅，坐落在横滨住宅区的一排房屋中间。住宅所在地原本就有一个庭园，因此枡野希望尽可能多地利用原来庭园的一些元素。此外，这个项目也带给他多个挑战。首先，他需要设计一个既符合传统但又具备现代建筑风格的庭园；其次，庭园空间太小，他必须设法营造出一种超出实际面积的空间印象；第三，庭园紧邻邻居的房子，他需要通过设计遮挡

▼　从二楼往下看，灌木和地被植物的叶子形状各异，与前庭中的景观石和砾石形成对比。

住邻居的窗户和二楼阳台洗衣房。最终的设计是庭园从街口开始，进入后别有洞天。

听闲庭包括两个独立的区域：一个是双分式的小庭园，一部分靠近入口，另一部分从日式榻榻米房间可见；另一个是客厅外的主庭。坐在室内的榻榻米上可以欣赏到小庭园，而从室内外均可以欣赏到主庭，无论在西式客厅内还是从外面的缘侧上。

从街上第一眼即可看到庭园。一堵明亮的白色石墙坐落在米色建筑的前面，作为庭园入口处狭窄的临街区域的醒目背景。在一端，小土丘展示了一棵来自原始庭园的松树。另一端，一块巨大的山形岩石放置在地被植物中，旁边依偎着一棵枫树。高矮宽窄不同、叶子形状各异的植物与后面纯白色的墙壁形成鲜明对比。白色石墙转过墙角朝向前门，分成两部分，暗示着庭园空间继续延伸。

在街角附近，随机排列的大型铺路石从街上"穿过"白色石墙，"爬上"几级楼梯，"进入"玄关门厅。从第一个室内空间既看不到任何一个庭园，也看不到从房屋中其他房间展现出来的风景。

在庭园入口处的白墙后面，一个小庭园坐落在日式佛堂的外面。佛堂内设有一个佛坛，用于供奉和祭拜祖先。地板上铺着传统的榻榻米，可以坐在上面观赏庭院，或做其他事情。尽管小庭园面积不大，但枡野仍希望它能给人以丰富和宽敞的感觉，因此他利用各种元素组合创造了多层空间。在麦冬等植被覆盖的地表层，枡野在紧靠白色石墙处设置了一块景观石。在前景中，一片源自伊势地区的锈色砾石与之形成对比。还有各种各样的植物完成了这幅构图，包括羊齿（也称凤尾草，一种蕨类植物）、日本万年青（百合科万年青属植物）和柃木，这是一种与榊（神社中使用的一种常绿植物，也称杨桐）有关的植物。每一种植物都为这个小庭院增添了独特的魅力，简单的设计带给人丰富的视觉感受，这正是枡野想要传递的。

从一楼的客餐厅（家庭的中心区域）、相邻的和室和卧室均能看到主庭的景观。一楼L形的缘侧让观赏者可以坐在室外欣赏庭园，也可以在二楼的阳台俯瞰庭园。设计这样一个私人住宅庭园并不简单：不仅可以从两个不同的高度——榻榻米房间的地板和客餐厅区的椅子上看到庭园，而且从二楼也能看到。然而，在听闲庭，枡野做到了这一点。

▶ 坐在日式榻榻米房间的地板上可以欣赏此景，入口庭园的一部分——一个简单的庭园空间，只能从室内看到。

▼ 从西式客餐厅区域起，大型推拉式玻璃门面向庭园，在房屋中心提供了与自然的紧密联系。

仅从住宅内部可见，前庭中锈色的伊势砾石在麦冬等地被植物的"河岸"背景下充当了水的前景元素。

从缘侧开始，砾石从木甲板下方"进入"庭园。砾石床的流动似乎超出了庭园的界限，并沿种植区构成了起伏的边缘。一层厚厚的桧叶金发藓与起伏的边缘相接，绿意盎然，形成鲜明对比。沓脱石（在进入庭园前换成户外凉鞋的石头）和踏脚石从缘侧处"穿过"砾石和青苔，通向一个石制的蹲踞和石灯笼。

枡野将原始庭园中的石头用来做沓脱石和踏脚石，业主亲自前往京都挑选蹲踞和石灯笼。萨摩石蹲踞形状自然，与日本北木岛优质花岗岩雕刻的六角石灯笼搭配完美，两者均由西村金藏和西村大藏父子团队打造而成。在茂密的苔藓中间，蹲踞和石灯笼是庭园的主焦点。踏脚石引导人的视线和脚步穿过砾石和青苔，找到这些手工雕刻。由于庭园多是用于坐着观赏的，因此这里成为唯一可以进入的区域。

为了让庭园看起来更大，枡野设计了一座假山，越靠近庭园远端部分，假山的高度越高。茂盛的苔藓覆盖着假山，点缀着不同种类的景观岩石和植物。在庭园的后排角落里，为了遮挡相邻房屋窗户和洗衣房的视线，一排日本北海道铁杉成为庭园的屏障和永恒的绿色背景。种植区的整体设计较为简单，枡野利用杜鹃花和枫树的颜色，创造出四季皆可观赏的景色。这些元素结合在一起，共同创造了一个宁静的庭院。在这里，微风吹拂树叶的景象和水滴入蹲踞的声音使观赏者屏住呼吸，驻足沉思。

▼　从二楼阳台向下俯瞰庭园，可以清楚地看到白色砾石与绿色苔藓的对比，表现出留白之美。

▲　在庭园的主体部分一侧，枡野俊明建造了
一座假山，给人一种空间延伸的感觉。假山上
种植的乔木和灌木遮挡了邻近房屋的视线。

▶ 踏脚石穿过茂盛的苔藓，通向带有竹嘴口的蹲踞和石灯笼，两者都是由西村金藏和他的儿子西村大藏在京都雕刻的。

**设计原则**

## 留白

留白的概念在书法、绘画中很普遍，其中由笔触形成的"空"或空白，与书法本身一样重要。在日本园林中，这种留白或空白表现为倾斜的砾石床或白色泥灰饰面的背景墙，用于对比和反衬其他庭园元素。

# 六根清净庭
## ROKKONSHŌJŌ NO NIWA

日本东京，2017

▼ 枡野俊明在住宅南侧设计了紧凑的庭园，以激发所有感官，从屋内外都可看到风景，同时也是练习瑜伽的空间。

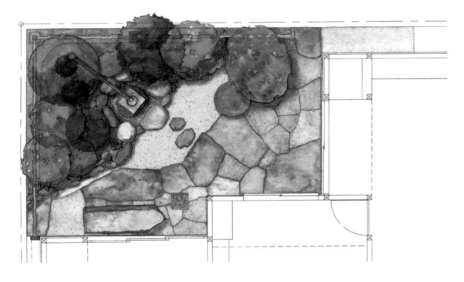

▲ 竹嘴口将源源不断的水注入"四方佛手水钵"中，四面的佛像皆由京都石雕大师西村大藏雕刻。

▶ 高大的树篱将庭园与相邻的住宅隔开，并作为不同庭园元素的背景，从前景的石头小院到后方的人造山丘，高度逐渐增加。

　　在东京的密集住宅区内，枡野俊明为一位继承这座拥有50年历史房屋和庭园的业主设计了名为"六根清净庭"的庭园，即"六感庭园"。业主计划对房屋进行一次彻底的室内外装修，委托枡野俊明对庭园进行翻新设计。这座庭园位于房屋南侧，十分阴暗潮湿。蔓生的藤枝及冬青刺柏完全遮住了整个庭园，阻碍了客厅及庭园对面佛堂室的通风和采光。移除藤蔓刺柏后，庭园及相邻的房间拥有了充足的采光和自由流通的空气。

　　小庭园的设计理念为业主提供了一个观赏景观，并满足其生活方式的实用性空间。具体来说，业主需要一个练习瑜伽的户外空间，同时为瑜伽教练预留一个区域。枡野随机使用图案不一的花岗岩铺砌房屋周边地面，从而创造一个功能性平整区域，同时打造一个由大型平面石板构成的极具美感的马赛克图案。有些石材为创意性麻点饰面，另一些则为天然饰面。一块宽大的圆柱形石盘设置在铺路石边缘，与平整区域形成鲜明对比，为瑜伽教练提供了一个抬高的平台空间。

　　几块踏脚石从前方铺砌区域穿过一条砾石河，到达"四方佛手水钵"前。这个手水钵由京都的石雕师西村大藏专门为这个庭园制作。"四方佛"的意思是"四个主要方向的佛像"，立方体水盆的四个面各有一尊佛像。水盆的顶部雕刻了一个完美的圆圈，用来容纳从竹嘴口滴落的水滴。庭园中两个圆圈——石雕盆顶部与圆柱形台石，仿佛在庭园中安静地对话。小碎石围绕着手水钵基座，同时填充圆柱形平台后面的空间，在庭园内的两个几何元素之间创造另一种微妙的联系。

枡野选择不同品种的树木，随四季变化为庭园增添不同的质感和色彩。青梻在春天有着纤细的枝条，盛开柔软云朵状的蕾丝白花。山茶花在冬末初春绽放深红色花朵，而高大的姬沙罗的树干则呈现出丰富的形态，树叶在秋季会变色。日本山枫的叶子具有独特的枫叶形状，在秋季也会呈现出美丽的色彩。

散布在丛林中的灌木也有助于增加景观和视觉的多样性。来自原始庭园的“千两花”（也称草珊瑚）有四片一组的锋利闪亮叶子，叶子上缀满一簇簇鲜红色浆果。“榊”是一种开花的常绿植物，叶子为鲜绿色，小花成束盛开，呈灰白色。球形的簇花在冬日绽放，散发出甜美的香气。与“榊”有亲缘关系的常绿乔木——柃木的叶子冬天会从绿色变为深红色。每年落叶的日本本土灌木“满天星”，春天盛开白色小吊花，秋天叶子会变为橙红色。

▲ 从住宅内部看去，水从竹嘴口滴入“四方佛手水钵”，与周围的绿色植物共同营造了一个宁静的场景。

▶ 透过落地玻璃门可欣赏微型山水庭园，玻璃门将庭园的自然景观映入住宅，同时玻璃门可滑动打开，方便业主直接进入庭园空间。

各种不同形状、大小、质地的景观岩石挡住了砾石河边缘长满青苔的小土丘。土丘高度随着向庭园远角移动的角度而逐渐增加，给人一种空间延伸感，象征山丘和山谷的起伏。一面高大的木制围墙，在刷过灰泥的墙前面分层，成为庭园的背景。围墙之前，枡野种下6种高大的乔木及4种阔叶的灌木。除营造郁郁葱葱的绿色背景外，乔木、灌木和围墙、篱笆一起为庭院增添了层次感。

在岩石和苔藓之间，枡野在起伏的土丘上设计了一些焦点植物。石蕗、麦冬、羊齿（也称凤尾草，一种蕨类植物）以及各种小植物都点缀在土丘间，枡野将它们布置到庭园中以完成整个设计。

庭园的四季景观和水滴入手水钵的声音，为庭园营造一种宁静之感。枡野以"六根"为主题设计庭园，这是一种佛教思维，涉及五种感官，即眼、耳、鼻、舌、身，加上意（直觉），也即第六感。在佛教思想中，通过感官，可在人的内心发生作用，这就是意（直觉）。"六根"包含这六种感觉，其中"rokkon"指六种感觉，而"shōjō"指纯净。因此，六根清净庭（ROKKONSHŌJŌ NO NIWA）即"六根纯净之园"，是一个安静的冥想空间，也是瑜伽练习中每个姿势与呼吸所需的集中精神的空间。

▼　一些小细节，如枫叶映在石头上的影子，随时间推移和季节更替而变化，提醒观赏者时光很长，生命却很短暂。

## 设计原则

### 微型化

微型化的典型例子便是盆景艺术——在容器中种植并修剪矮树，以代表生长的成熟树木。由于日本园林是作为理想化的世界而创建的，因此通常包含微型元素。粗糙的岩石可代表崎岖的山脉，溪流可代表汹涌的河流。在庭园有限的空间内，微型化使获得自然景观的广阔形象与观感成为可能。

# 水映庭
## SUIEI NO NIWA

印度尼西亚爪哇，2018

▼　水是庭园的主题，一条狭窄的水道沿着中央走廊的边缘从住宅的正门开始由内向外流动，最后注入中轴线尽头的水景反射池中。

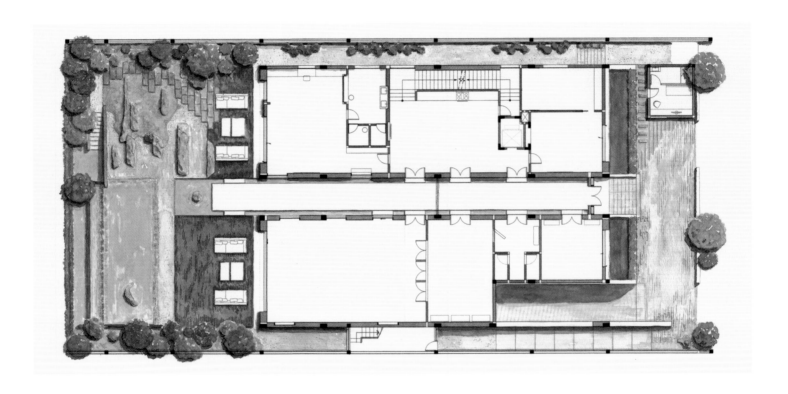

　　水映庭，或称水映庭园，位于印度尼西亚的一处私人住宅，庭园设计体现了业主的印度教信仰与设计师枡野俊明禅宗佛教实践的融合。该设计源于两种宗教的共同理念：地、水、火、风和空这五种元素（日语中的五轮或五大，梵语中的"pancha　bhuta"）。在印度教和佛教中，五种元素构成了宇宙中包括人类在内的所有事物，每个元素都必须完全平衡才能让人产生精神觉醒。枡野将该庭园设计为一个形象化的生活空间，自然与人类思想可以共生。通过将五个元素中的每一种元素融入庭园和住宅所产生的具体体现，观赏者可以体验"统一所有元素的真理世界"，达到精神觉醒的状态。

　　在水映庭中，通往精神觉醒之路是从庭园入口处开始，穿过房屋，进入层次分明的庭园，然后进入空间。精心挑选的材料实现了从外部到内部并再次回到外部的过渡，就像代表不同元素的空间入口一样。水元素可作为空间与空间之间的连接，也是隐含反射和表面反射的连接。屋顶露台为观赏整个庭园和远景提供了最佳角度，在露台上既可以看到远处的地平线，也可以仰望广阔的天空，与宇宙的终极元素——虚空产生联系。

　　房屋前的长方形大门庭园是地元素的代表。简单铺就的石子路在庭园中延伸开来，使墙壁成为庭园的中心。墙壁由形状各异的碎石和成堆的薄石块堆砌而成，其上覆着一层精致的绿植。在庭园的一端，石子路被带状的草坪路所取代，径直通往耐候钢顶的安全屋。在房

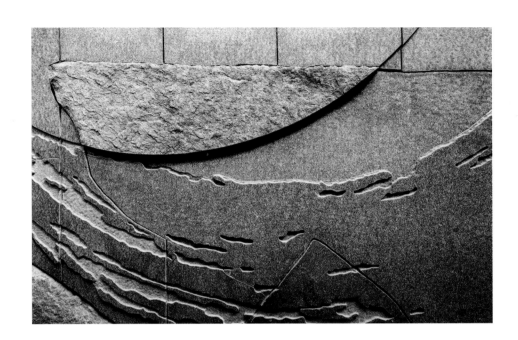

▶　水流冲刷石块的抽象图案，装饰墙上的石刻与"倒影庭园"中池水的重要设计理念产生了微妙的联系。

▼　庭园的主要部分包含了水、火和风的象征。小倒影池代表水，火山岩石代表火，树木和绿植在微风中摇曳的叶子象征着风。

▲　块状的日本花岗岩高出地面，象征着印度尼西亚的火山，在砾石和草坪间转换移动，随着庭园从房屋向外延伸，创造出充满层次感的空间。

▶　带顶棚的户外活动空间面朝巨大的方形水池，对面是抛光的深色花岗岩，树冠清晰地倒映在水面上，一块棱角分明的巨石孤零零地浮在水面上。

▲ 球形石块，最初是五轮塔的一部分，被放置在
房屋附近水景反射池里纹理粗糙的岩石底座上。

▲ 对于从地下车库进入的业主而言，枡野俊
明的石刻作品以其不规则的外形和丰富的纹理
传递出庭园的质感。

屋的边缘，低矮的树篱和花盆为朝向庭园的访客区域
营造出一种私密性。入口狭窄而高大的空间让人感觉
仿佛在巨石中行走一般，贴近地表，密闭却有阳光从上
方洒下。

庭园入口处，楼梯位于两侧的花盆中间，直行通向
前门，继续往前通往房屋的中轴线。在两层高的走廊
里，浅色大理石地面平整光滑，像漂浮在水面上。大理
石地面两侧的水道将视线上引，先是沿着石灰华覆盖的
空间看到外部庭园，然后再循着房屋的边缘望向头顶的
天空。就在那一刻，从地到水的体验，以及首次感受到
庭园中代表火和风的景观，都给人一种即刻顿悟之感。

走廊由内向外延伸，以一扇简单的玻璃门作为过
渡。走到大理石地面的尽头，映入眼帘的是一小股喷

泉从一个石球中涌出的景象。球形石块来自日本京都，
用锤子精心打磨过，原是五轮塔的一部分。五轮塔是一
座由五轮石头堆叠而成的塔，分别代表着佛教的五项道
德准则。如今，这个喷泉位于浅浅的倒映池中粗糙的石
基上，作为中轴线的终点，并将视线聚焦在庭园上，这
也体现了庭园的设计理念。中轴线上的景观体现了水、
火、风交汇重叠的一瞬间，这正体现出枡野的设计理
念——让人产生入园的第一眼印象。球形喷泉后面是一
个凸起在抛光黑色大理石底座上的水池，水池与一堵玫
瑰色石头覆盖的高墙交汇。墙外层层叠叠的茂密植被将
视线引向天空。

在中轴线尽头，主庭分成两个交叠的区域。轴线
两侧的水道将大理石路面与覆盖着印度尼西亚本土乌

木（又称婆罗洲硬木）的平台路面分开。右侧的木制平台从住宅延伸到庭园。带顶棚的乌木平台为业主提供了一个可以安静地欣赏庭园和思考的空间。产自日本四国岛（日本四大本土岛屿之一）的长条形花岗岩将庭园空间分割开来，通过砾石从木制平台过渡到草坪区。草坪中间一块凸起的小土丘上生长着一棵红色的夏威夷冬青树（"勃艮第"，又称西印度冬青树），在高度和颜色上与草坪形成细微反差。浅粉色石墙构成山景的背景，石墙后暗藏一段通往低处庭园的台阶，那里种植的树木作为庭园的外缘，象征着火的元素。

象征印度尼西亚火山的山状花岗岩给人一种自然感，但有时会带有令人惊讶的手工痕迹。抛光的边缘、钻头留下的光滑凹槽、凸出的锐角，这些特征结合起来与火产生关联。这种花岗岩本身是火成岩，很久以前形成于地下深层岩浆。烈火烧制而成的石头从地里冒出

▲ 象征着印度尼西亚火山的力量，一块粗糙的岩石拔地而起。位于宁静的庭园中，象征着力量的大岩石营造出一种正向的张力，有助于观赏者集中注意力并让自己的内心平静下来。

来，构成山景，为庭园创造出一个思考自然力量的空间。

庭园的东南部代表着风元素，其特征是线条明朗的刚性几何形状，风元素使得这一空间变得柔和起来。甲板状木制平台呈简洁的矩形，与房屋的前缘相接，面朝方形水池。一条狭窄的灰色砾石带将平台和水池的闪亮边缘分开，砾石带转到带有球形喷泉的小水池后面，与另一侧带有火元素的庭园相连。

▼ 以葱郁的乔木和灌木为背景，大水池以其深深的倒影为宁静的水面增添了活力。粗糙的山形岩石高出水面，就像从海上升起的火山。

高度抛光的深色中国花岗岩边缘与池水融为一体，水池高出地面半米。宁静的池水倒映着绿树蓝天，微风拂过，水面变得模糊。一块巨大的船形花岗岩从水池左侧浮出水面。玫瑰色石墙高出池水近1米，被设置在水池西侧，毗邻火元素庭园。通过反射与分层设计，枡野将新旧、平滑与纹理、几何形状、有机统一等特点相结合，并将五种元素融合在庭园中，提供了一个使业主精神与设计师理想高度契合的宁静之所。

▲ 通过仔细平衡庭园中的几何元素和自然元素，包括方形大水池和山形岩石的摆位，枡野俊明表达了人类与自然共生的思想。

## 设计原则

### 设计决定观赏者的内心

对于枡野俊明而言，最初的设计因素之一是庭园空间应该带给观赏者何种感受。根据庭园的功能，如果用于冥想或散步，他可能会创造一种"刚性空间"，从而产生一种张力并使人"正襟危坐"；又或者他可能会设计一种更柔和的、充满绿植的空间，"给人开放和轻松的感觉。"[1]

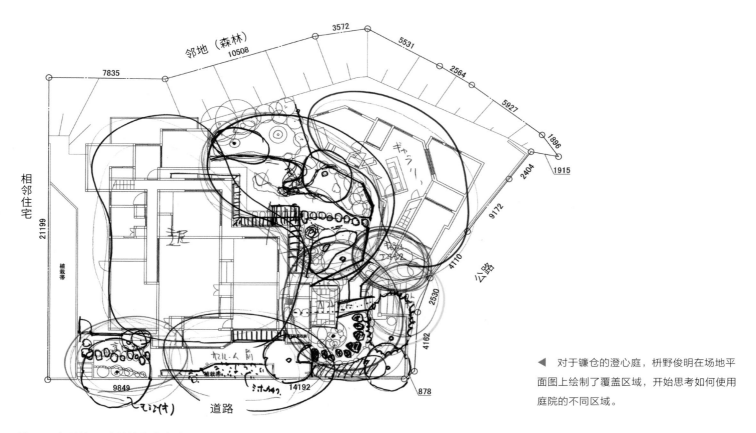

◀ 对于镰仓的澄心庭，枡野俊明在场地平面图上绘制了覆盖区域，开始思考如何使用庭院的不同区域。

注：图中所注尺寸单位均为毫米。

# 培养意识：
## 枡野俊明的园林设计思想与过程

我强烈地感到，在这个时代，最重要的是让人意识到欣赏美的空间……具有基本而简单的"禅宗美学"和"禅宗价值感"。[1]

虽然枡野俊明认识到他的角色是对当代社会现状的回应，但他也认为自己遵循着悠久的传统。自1982年创立日本造园设计事务所，1985年成为日本横滨禅宗寺庙建功寺助理住持，2001年担任该寺第18代住持以来，枡野通过设计工作继续他的禅宗修行和审美修养。他这样做，也是效仿了前几代住持。枡野解释说：

通过禅修，能够找到一种无法直接吐露或获得理解的情感。因此，人们必须找到与他人交流情感的方法……禅宗僧人传统性地转向了书法、花道和叠山置石等古典艺术。[2]

早期"叠山置石"的佛教僧侣被称为"石立僧"，他们的工作可能并不那么受人尊敬，因为这种脏累的体力劳动会被认为是卑微和有辱人格的，其地位低于年长和更有威望的僧侣。最早的"石立僧"于平安时代（794—1185），在京都的真言宗寺院仁和寺开始了此类工作。在此期间，庭园起初为中式风格，嶙峋突出的岩石引人注目。随后日本的园林设计发展为极乐庭园风格，反映了当时人们向净土宗佛教思想的转变。到了13世纪末和14世纪初，当禅宗佛教在日本扎根时，"石立僧"一词反映了当时人们对能够设计禅宗庭园的僧人的尊重。[3]

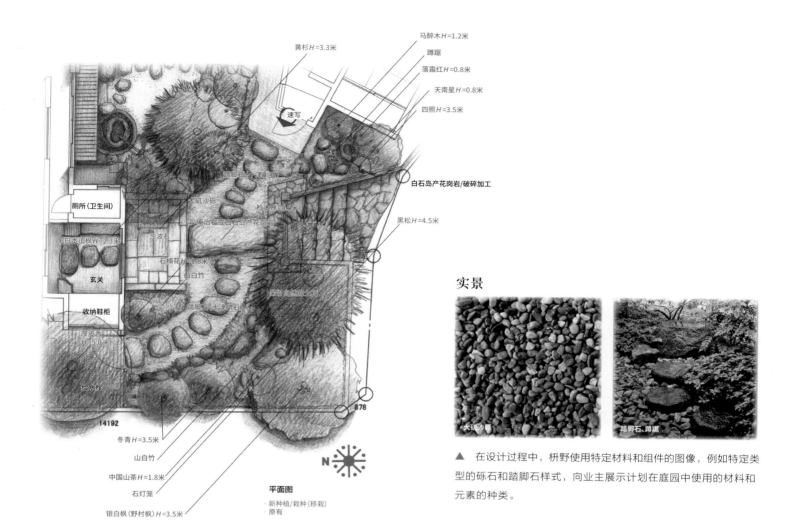

马醉木 H=1.2米
蹲踞
落霜红 H=0.8米
天南星 H=0.8米
四照 H=3.5米

黄杉 H=3.3米

速写

白石岛产花岗岩/破碎加工

黑松 H=4.5米

厕所(卫生间)

日本山枫 H=2.3米

玄关

收纳鞋柜

厚皮香 H=5.0米

给水栓

踏脚石(自然测则细)

大矾沙砾

三波石

石楠花 H=1.8米

山白竹

踏脚石(十津川石)

保留自然的土壤

14192

878

冬青 H=3.5米
山白竹
中国山茶 H=1.8米
石灯笼
银白枫(野村枫) H=3.5米

N

**平面图**

· 新种植/栽种(移栽)
· 原有

## 实景

大矾沙砾

踏脚石、蹲踞

▲　在设计过程中，枡野使用特定材料和组件的图像，例如特定类型的砾石和踏脚石样式，向业主展示计划在庭园中使用的材料和元素的种类。

▲　随着庭园设计的有序开展，枡野和他的团队绘制了庭园各个区域的详细平面图。图纸显示了不同种类的路，以及植物和岩石的规格、类型。这些图纸用于进一步的设计，也可以向客户展示。

银白枫(野村枫) H=3.5米　　冬青 H=3.5米(新栽)

石灯笼(移栽)

厚皮香 H=5.0米

中国山茶 H=1.8米(新栽)

石楠花 H=1.8米(新栽)

山白竹(新栽)

踏脚石(十津川石)

自然石

大矾沙砾

三波石

黄杉 H=3.3米

▶　带有人物形象的透视图是设计过程中很重要的部分。枡野利用透视图从不同角度检查庭园构造，并方便向客户展示设计。

枡野认为他的工作承袭着悠久的"石立僧"传统，并相信自己是当今世界上禅宗"石立僧"之一。[4] 枡野以曹洞宗佛教实践为基础，以禅宗思想为原则，发展出自己独特的设计流程。除了每天的坐禅冥想、禅宗修行等，他还进行训练有素的日常活动，比如清扫庭园或擦拭寺庙的木地板。作为达到精神觉醒或开悟的一种手段，多年来他每天都在重复做这些活动。作为一名"石立僧"，枡野将设计和造园当成他作为禅僧修行不可或缺的一部分："对我来说，设计庭园是一种禅宗修行实践。"[5]

作为一名禅僧和园林设计师，枡野俊明对于空间设计究竟在多大程度上可以帮助人们找回自我和健康有着独特的见解。通过僧人的日常工作、与信众交流和广泛游历，他看到了21世纪我们的生活每一天每一分钟是如何的忙碌，几乎没有时间自我反省和审视真实的自我。从他自身的修行中，枡野理解了冥想的价值，不仅能作为获得感恩和满足之心的手段，还有益于健康，

包括改善睡眠、促进心理平衡、缓解疲劳焦虑，从而提高生活质量。[6] 作为园林设计师和景观设计师，枡野也充分了解与大自然接触对人类产生的积极影响。现在，在日本和其他一些地方，"体验自然"（也称为"接触自然"和"亲近自然"）这一科学研究领域不断发展，有证据表明它对人的身心健康以及整个人的状态都有好处，特别是对生活在城市里的人群。[7]

枡野观察到我们的时代越来越信息过载，人们集中于室内活动。他看到当今世界的现象，即"追求物质的丰富"。[8] 他认为，今天的人们沉迷于崛起的信息技术及其快速、看似无限的数据量。因此，他认为"最重要和最需要的是让人们感受到'精神的富足'，感受到'活在当下的快乐'"。[9] 枡野把造园作为他的根本和终极目标。在这些园林和景观中，人们可以通过感受"精神的富足"和寻找"活在当下的快乐"来重新认识自己。

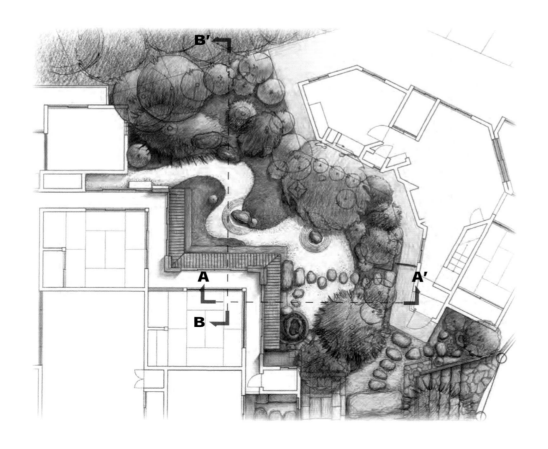

◀ 场地平面图上用红色标记的剖面切割线清楚地指示剖面图的切割位置和朝向。这使得剖面图和平面图之间具有密切的相关性。

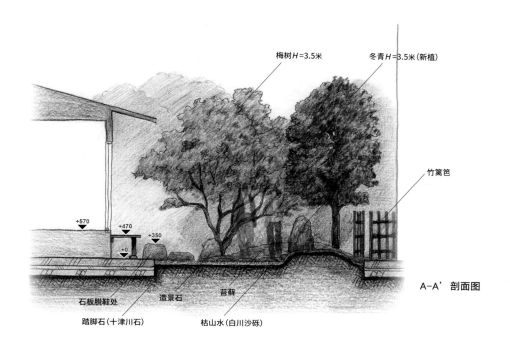

梅树 H=3.5米　　　冬青 H=3.5米（新植）

竹篱笆

+570　　+470　　+350

+0

A-A' 剖面图

石板脱鞋处　　造景石　　苔藓

踏脚石（十津川石）　　枯山水（白川沙砾）

▲▼　剖面图显示了室内空间与庭园之间的联系，以及各种庭园元素之间的高度关系。这种类型的绘图有助于检查从建筑内部到庭园的视线。

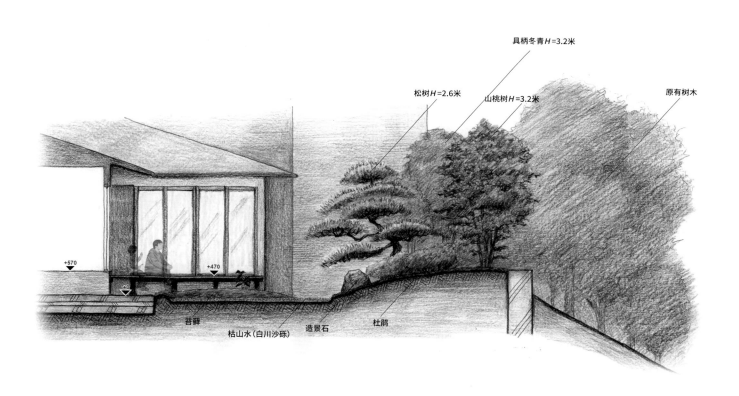

具柄冬青 H=3.2米

松树 H=2.6米　　山桃树 H=3.2米

原有树木

+570

+470

+0

苔藓

枯山水（白川沙砾）　　造景石　　杜鹃

▲ 现有空间内部的透视图清楚地展示了从内部
向外看庭园的样子，这通常是观赏庭园的主要
方式。

## 禅宗美学与禅宗价值感

根据禅宗的说法，要体验"精神的富足"，一个人必须首先处于"从执念中解脱"的状态，这是禅宗的基本概念。一颗没有执念的心可以体验到"无拘无束"的感觉，这反过来又可以理解"幽玄"，一种难以名状而又微妙的深奥，尤其是对那些无人见过的事物。这种对看不见的事物的认识，就是枡野所说的"否定中的肯定"[10]，这也正是他理解的禅宗佛教的核心。"否定中的肯定"是指"看到肉眼无法看见的事物的行为，在某种意义上是想象……知道佛就在那里，真理和理性就在那里。这并不是简单的想象。"[11] 为了能够通过这种方式解放思想，有规律地训练和合适的空间都是必要的，枡野称之为"禅意空间"。[12]

历史上，禅意空间位于禅宗佛教寺院及其相关庭园内。由于枡野认为城市居民亟须重新与自然、自我建立联系，因此他努力将每一个设计作品都打造成禅意空间。从私人住宅庭园到商业空间的室内设计，枡野努力为空间注入禅宗美学和价值观。他说，禅意空间"除了是让人感受美的空间之外，也是让观赏者反省自己的空间，意识到自己内心有一颗纯洁的灵魂，没有一丝尘埃"。[13] 这种"纯白精神"可以理解为本质的或真实的自我，不依附于日常事物或想法。

枡野认为，那种纯粹的精神体验可以让人意识到"自我生命的珍贵"和"活在当下的感恩"。[14] 这种感恩之情源于"无拘无束的心"，或曰"摆脱世俗依附的自由", 与真实自我的"纯白精神"相结合。在禅宗中, "感恩"的概念包括对一切众生和经历的感恩, 好的坏的, 大的小的。这种感恩之心让人以一种同理心和开放的态度对待生活。在枡野的设计中, 他思考如何创造空间, 让观赏者的心态发生转变, 变得开放, 让其体验感恩和"精神的富足"。

**实景**

▶ 显示了岩石布置示例、耙砾石的方法和特定砾石类型等, 便于业主清楚地了解庭园完工后的样子。

速写

▶ 场地平面图上的红色箭头表示特定透视图所面对的方向, 方便业主和工匠充分了解庭园的各个部分。

砂纹

白川沙砾

松树 $H$=2.6米

矮鸡柏 $H$=4.0米

日本山枫 $H$=4.0米(新栽)

山茶花 $H$=2.4米

画廊

矮鸡柏 $H$=4.0米

梅树 $H$=3.5米

马醉木 $H$=1.5米(新栽)

满天星 $H$=2.0米

石灯笼

造景石

垫灯石

造景石

缘侧

三叶杜鹃 $H$=1.5米(新栽)

造景石

苔藓

枯山水(白川沙砾)

▲ 在透视图中标出树种和岩石类型, 并注明它们是现有的还是新添的。将所需植物和岩石的列表与图纸一起生成。

为了创造出这样的空间，让人们可以把与"追求物质的丰富"相关的日常烦恼抛在脑后，并转移到"从依附中解脱"的状态，枡野专注于"心"的概念，或曰"精神""心灵""思想"乃至"灵魂"。"心"的含义很复杂，很难找到对应的词语，因为没有一个单独的词能够囊括精神、心灵和思想的内在联系。"心"是人类与生俱来的，它将人类的精神或思想领域与人类存在的物质或具体领域联系起来。因此，"心"将人与机器分开，即使是如今的高智能计算机。"人心有丰富的直觉，它具有非逻辑性、求新欲、创造性、无限性和开放性等属性。计算机模拟是确定性的（封闭的）；它缺乏多样性，是枯燥的体现……这是计算机和人类之间的根本区别。"[15]

虽然"心"的概念似乎是无形且无法量化的，但自2007年以来，对"心"的科学研究仍在进行中，由京都大学专门的心未来研究中心领导。该中心旨在促进"对社会有贡献的学术研究……从神经和认知科学等领域到佛教研究，从文化和社会心理学到临床心理学，从美学到公共政策。"[16]虽然枡野俊明可能没有参与量化的科学研究，但他通过自己的经历充分理解"心"的影响，他致力于在他所完成的每一个项目的设计中去表达心灵或精神。

从佛教的基本理念——尊重一切生物来说，枡野认为每一块岩石、每一棵树和每一株植物都有自己独特的性格和精神。他努力将自己的心与庭园或景观中的每个元素联系起来。对枡野来说，将他的心灵与岩石、树木、植物和其他元素相连接并不是自我膨胀或自负的行为。相反，它是禅宗美学的一个重要元素，贯穿于禅僧通过书法、诗歌、庭园设计和其他艺术表现形式来表达禅意的历史中。在他的《共生的设计》（2011）一书中，枡野解释说："对我来说，庭园既是一个让观赏者从内心感到受欢迎的地方，也是一个自我表达的地方，

这是基于我不断地苦行训练。"他继续说道："作为庭园的创造者，我的内心必须和谐统一，否则我就无法做出具有高精神品质的作品。庭园是一面镜子，照出我自己的本相。"[17]庭园是设计师心灵的反映，这一想法源于一句禅宗谚语"当毒蛇喝水时，它会变成毒液。当牛喝水时，它会变成牛奶"。[18]

如果设计师的心灵是纯粹的，那么观赏者将体验到水变成牛奶而不是毒液。

对于枡野来说，在庭园或其他禅宗空间的设计中这种无我的自我表达是他设计过程中不可或缺的。然而，一项设计并不仅仅是设计师个人内心的表达，理解每个元素的"心"并加以适当表达也是必要的。为此，枡野必须首先了解项目的背景和现场，他将这个过程描述

▲　项目模型包括建筑的主要元素，例如门窗开口和露台，以便查看每个开口和露台的视野。

为"阅读场域"。[19] 为了做到这一点，枡野会在现场花费尽可能多的时间，了解这个地方的特点。这要求一开始就要有尊重所有元素的心态，需要仔细观察地形，彻底检查现有的岩石、乔木和灌木，以及对场地内光影作用的敏感研究和考量。这种对场域的"专注阅读"使枡野能够思考，如何通过他的设计与场域最好地进行对话。根据场域的特点和对庭园规划功能的判断，枡野能"立即感觉到"是以现代感表达更好还是以传统风格表达更好。[20]

当枡野通过设计发展他的"与场域对话"理论时，他会认真考虑自己将使用的每个现有元素以及将要添加的新元素。他先用平面图，然后用立面图或透视图勾勒出自己的想法。借助草图和模型，通过反复与公司设计人员的讨论，枡野来决定庭园的最佳设计方案以及每个主要元素的位置。他会考虑他希望观众在空间中的感受，或是他怎样"设计'访客的心'"。[21] 在一个观众本应感受到张力的空间中，观众会站直身体并集中注意力（例如在中国深圳腾讯公司总部的圆缘庭中），枡野会使用更严格的空间构图。对于一个让观众感到放松和开放的空间（如中国香港的山水有清音庭园），他将创造出让人感觉被大自然环抱的庭园。[22]

一旦设计基本完成，枡野就会为庭园选择主要元素。根据项目地点和预算，他有时会去苗圃挑选乔木和灌木，有时也会去大自然中寻找。他可能会前往采石场挑选岩石，也可能会去山上寻找。为确保植物适合现场的气候和环境，枡野会尽可能多地使用当地的树木和植物，尤其是在日本以外的庭园中。但对于景观石和石雕，枡野通常会使用来自日本的岩石，因为他可以亲自

▲　大自然环绕着中国香港山水有清音庭园的观赏者，抛光的黑色花岗岩墙壁与受传统日式庭园启发的景观岩石相得益彰。

◄ 如同层层叠叠的山峦，花岗岩从中国深圳的圆缘庭的地板中冒出来，并与长满苔藓的土丘融为一体，营造出一种有空间张力的氛围。

去采石场，并监督切割和造型工作。对于石制品，如石灯笼和手水钵，枡野要么会去寻找具有有趣历史印记的旧物，要么会与日本工匠合作，为特定的庭园或景观专门定制。

在整个设计的过程中，当现场开始施工时，如布置砾石溪流的边缘，为瀑布建造假山，或放置主要的树木和岩石，枡野会到现场并与施工团队密切合作。这是造园的关键时刻，枡野多年的禅修和设计工作使他的设计过程与其他园林设计师有所区别。他不仅从每一个可能的角度对整个庭园的外观密切关注，而且对庭园中每一个元素的特点也很敏感。枡野深知每一种岩石、乔木和灌木都有特性，他努力与每一种元素进行对话，以表现其独特性，并将其放置在庭园中最合适的位置。

这种方法源于一千多年前的造园技术。11世纪的造园手册《作庭记》，是日本已知最早的造园手册，其中教导"遵循岩石的请求"。[23] 这个概念适用于庭园中的每个部分，枡野努力了解每个元素的"请求"以及

它们的特性，然后将它们与自己的内心连接起来，创造一种"精神力量"。[24] 枡野十分了解这种"精神力量"，当"身体和灵魂结合在一起"时，就会创造出好的庭园。[25] 用枡野的话来说，"如果一个庭园没有灵魂，那么即使它在一段时间内吸引了很多人的注意，但一旦有新的东西出现，它们就会被完全忘记。"[26] 因此，庭园的"精神力量"对于观赏者与庭园之间的下意识联系是必不可少的。"禅宗可以被称为一种操纵潜意识的宗教。"然而，"重要的不仅是潜意识，有意识地进入和影响潜意识更加重要。从这个意义上来讲，意识是必须培养的东西。"[27] 对于枡野来说，培养意识意味着"他对自己的意识在造庭过程中发挥作用的了解，也意味着赏园者清楚自身与庭院之间的潜意识的联系"。[28]

枡野通过与庭园对话，通过将他的内心与庭园中每个元素的"心"联系起来而努力创建的"精神力量"主要来自他的禅修。特别是：

"'六波罗蜜'的实践，这是在理想世界中取得成功的基本佛教精神，我以此来指导自己的工作。六波罗蜜规定，涅槃需六大修行——布施、持戒、忍辱、精进、禅定、般若。就精进和般若而言，它强调我们应该始终具有洞察力，灵活地思考和处理手头的工作，清除我们头脑中的世俗思想……忍辱和持戒指的是我们应该着手去做我们真正相信的事情并且……不要被别人的意见所左右，应该相信自己的方法……布施指的是不计代价的奉献行为，使我们更同情他人……禅定帮助我以平和的态度看待事物……从而使我能够以一种超然而有条理的方式专注于事物。"[29]

在与"六波罗蜜"相关的六大修行实践中，枡野在他的设计工作中最仰赖的是"布施"的概念。这种对他人的同情"体现在我的设计工作中，通过倾听所有材料之间的对话，比如植物、石头和空间。这可能是我在苦行训练中学到的最重要的东西"。[30]

通过倾听庭园元素之间的对话，并发自内心地与每个元素对话从而产生"精神力量"，枡野专注于营造庭园的氛围，而不是形状或形式。在他的《日本造园心得》（1990）一书中，枡野解释了日本文化与营造氛围的关系：

"在日本园林中，除了规划土地、置石和种植植物外，造园还需要铺路石、石灯笼等石头建造艺术的辅助配合。当使用这些元素时，比庭园结构和形状更重要的是，我们称之为庭园空间所营造的氛围。在日本文化中，比起强调事物本身有形的形式，更重要的是伴随事物而来的无形的感觉：内敛的优雅、精致的美丽、典雅的简素。"[31]

营造氛围重于形式并与禅意密切相关。"禅旨在教人如何生活，它没有形式。"[32] 虽然禅没有特定的形式，但有一些明确与禅有关的美学原则，与枡野所强调的"内敛的优雅、精致的美丽、典雅的简素"息息相关。哲学家、茶道大师、禅宗学者久松真一在他的著作《禅与艺术》（1971）一书中指出了禅宗美学的7个典型特征：不对称、简素、枯高、自然、幽玄、脱俗和静寂。[33]

虽然不对称、简素和自然可以在庭园的外在形式中得到诠释，但其他4个特征——枯高、幽玄、脱俗和静寂，对于观赏者来说是内在的，是由庭园的氛围和"精神力量"产生的，也是基于设计师的内心与场域特点的联系，以及由整个设计过程中每个庭园元素的特色所决定的。

▼　枡野俊明与业主坐在一起，一边观察室外空间，一边讨论对庭园的想法。对于枡野来说，重要的是了解清楚业主希望庭园在他们的生活方式中扮演什么角色。

▼　从各个角度来设计庭园，包括从街道上欣赏庭园的角度。在这里，枡野注意到周围房屋的高大树木，并思考如何将树木的景色融入庭园设计中。

◀ 整个澄心庭与室内区域有着密切的联系，庭
园的空间似乎是内部空间的延伸。

日式房间的榻榻米上，坐禅冥想。由于住宅有一个现成
的缘侧，像露台一样的狭窄木甲板往庭园延伸，房屋主
人也可以坐在那里冥想，虽在室外但有屋檐的遮挡。缘
侧沿着住宅的"之"字形边缘三面延伸，多个角度可以
欣赏庭园的景色，并为业主提供了一个可以坐下来欣赏
庭园的地方。

在现场考察时，枡野了解了住宅和画廊的公共和私
人通道，以及如何从围墙内外看到建筑物和庭园。他
还穿过了庭园区域，以便更清楚地了解其空间尺度和可
用区域。这一点尤其重要，因为庭园位于住宅和画廊之
间，从前面（住宅的几个房间）和后面（画廊的窗户）
均可看到。

通过现场走访，枡野能够判断庭园中现有的岩石、
树木和植物哪些可以再利用，并了解它们的特性。他也
指出了潜在的挑战，例如如何创建庭园以匹配现有建
筑，以及如何隐藏户外的器械。在走访期间，枡野和他
的工作团队做了笔记，画了草图，记录了现有条件和他
们的设计想法。从初次走访开始，枡野就明白入口区域
的重要性，入口向住宅的前面打开，但又靠近画廊的门
口，他必须为此专门设计。由于客户希望将庭园用于坐
禅冥想和一般性的娱乐，枡野打算将它设计成可以体验

## 日本镰仓澄心庭的设计过程

澄心庭于2016年完工，位于私人住宅和独立画廊
之间，用于连接两座建筑，同时还可以从两座建筑内部
欣赏到各种景观。通过给庭园命名"澄心庭"，枡野表
达了他希望庭园的主人——一位禅宗佛教修行者，能够
在与园林为对话中感受到心灵的澄净。

虽然该住宅之前有一个庭园，但业主委托枡野对室
外区域进行全面彻底翻新。这包括住宅和画廊之间的主
庭和一个更为休闲的侧庭。在第一次接到客户的联系和
请求后，枡野和他的设计团队来到了镰仓的现场，那里
离他们在横滨的办公室不远。第一次访问让枡野有机会
与客户交谈，参观现场，并从住宅和画廊看到了庭园的
景色。

在交谈中，枡野了解了业主关于庭园的想法，业主
希望在这里既可以禅修，也可以享受大自然，可以坐在

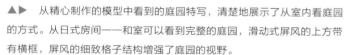

▲▶ 从精心制作的模型中看到的庭园特写，清楚地展示了从室内看庭园的方式。从日式房间——和室可以看到完整的庭园，滑动式屏风的上方带有横框，屏风的细致格子结构增强了庭园的视野。

大自然的地方，对所有感官都是开放的：听得到鸟儿的歌唱，看得清岩石上的光影，闻得到树木的气味，感受得到苔藓的潮湿。通过这种与庭院自然对话的总体感官体验，观赏者可以"面对他们的本质自我。"[34]

在完成实地走访，整理笔记、草图和照片后，枡野和他的团队开始着手设计。枡野考虑用禅语"山光澄我心"来指导设计和营造庭园的理想氛围，意为在欣赏崇山峻岭时产生的意定神清的感觉。基于此想法，枡野选择了"澄心庭"作为庭园的名字。根据名字及含义，结合枡野对现场的初步想法，他的团队认真研究了实地走访收集到的信息，并考量了具体位置和一般位置。他们继续完善想法并开始构建模型，以进一步了解庭园内的空间关系，特别是建筑元素与自然元素之间的关系。随着想法的成型，设计团队通过图纸和模型将其演示出来，然后为客户准备了一份方案。

该方案从图像和文字开始，将现场放在整个镰仓市这个大背景下，这里既是庭园建造的物理位置，也是重要的历史背景——日本禅宗佛教早期的中心。接下来，团队用概念图和文字方案描绘了枡野对场地的基本理解，包括将住宅和画廊连接起来的重要性。接着，方案变得更加具体，用现场图展示了室内外关系，比如从住

宅和画廊到庭园的景色，以及建筑内部和穿过庭园的循环路径。该方案还包括一份全面的场地平面图，详细展示了新设计的元素，以及描述具体区域和组成部分的文字说明。其他图表和图纸进一步详细说明了被注明区域，平面图中详细说明了各种乔木和灌木的种类，透视图中明确表示了重要视图，剖面图和立面图显示了施工细节和高度变化。方案中还包含计划在庭园中使用的材料的照片，例如特定类型的围栏结构和砾石、景观岩石。为了让人们更清楚地了解设计理念并以不同的方式看待这一理念，枡野的团队拍摄了庭园的展示模型和各种重要元素的照片，例如前门和从内部向外看的框架视图，并将其纳入方案中。

一旦客户认可了设计方案（根据项目不同，由于预算限制、材料的可用性以及客户不断变化的需求和愿望等问题，这一过程可能需要多次变化），枡野和他的团队会创建一套施工图并联系合作方，以安排庭园的建设和特殊元素的制作，如水琴窟。施工准备工作完成后，枡野和他的团队与合作方一起在现场完成主要元素的初步布局。他们会确定并标记自然元素的位置，例如砾石"溪流"和相邻凸起的苔藓床"山丘"，主要的岩石排列和树木，踏石小径，以及明显的人造元素，如石灯

笼、手水钵和水琴窟。

　　从那时起，工匠们开始施工。枡野的团队成员会定期访问，监督施工全过程，而枡野本人则亲自来到现场，放置重要元素。虽然团队绘制的图纸详细描绘了每块景观岩石和每棵树木的图像和位置，但枡野很清楚，随着庭园的建造，形象也会发生变化。凭借他多年的禅修训练和设计经验，他会根据"场域的精神"和每个元素的"心"对庭园形象进行微调。在计划放置主要元素的前一天，枡野要花足够的时间进行充分的冥想，并为第二天的工作做好心理准备。要完全理解和表现每一块岩石和每一棵树的特点，他必须首先保持正确的心态，然后花时间在现场观察，并与个别元素和整个庭园进行对话。他与工匠密切合作，设置每个元素，根据整个庭园的关系进行调整，并确保"遵循它们的要求"，以充分且最好地展现它们的特点。

　　随着澄心庭建造的开展，枡野的团队继续访问现场，并与工匠们一起工作。在施工的最后阶段，枡野和他们一起检查并确定各种小植物的位置，如蕨类植物，在庭园施工完成时添加，用于整合整体设计。虽

然这些蕨类植物和其他植物小巧，数量也不多，但在整个过程中起着非常重要的作用。枡野使用它们来平衡庭园，使每一处景观都是和谐的组合，同时也突出了主要元素（如景观岩石）的独特特征。这样，庭园就成为一个整体。每个元素都有特定的作用，无论是作为焦点，还是作为背景或支持组件，都与其他元素一起创建了统一的整体。

　　作为一名设计师，枡野知道他设计的和谐与清晰源于并依赖于他的内心。每天的晨间清扫和坐禅训练使他将自己的思想从世俗牵绊中解放出来，并拥有感恩之心，这使他能够敞开心扉地倾听庭园元素的"请求"，并了解它们的特点和场地的要求。每日的训练为他提供了与场地和庭园元素进行对话的方法，并在设计中创造了将观赏者与庭园联系起来的"精神力量"。基于对独特但普遍存在的禅宗价值观和美学的长期研究，枡野将"精神力量"解释为"不断变化的美——光影交织的美、树枝在微风中摇曳的美、岩石与植物倒映在水中的美，以及虫鸣鸟叫的美"。[35] 枡野的目标是创造"永恒而短暂的自然之美"的体验，他说："我将这些原则综

◀ 在澄心庭的建造过程中，枡野俊明监督重要的树木和岩石的放置过程，调整每个元素以确保均衡地构图。尽管施工人员和枡野及他的团队根据他的详细设计图来开展工作，枡野还是在现场进行了微调，以在每个庭园元素之间建立牢固的关系。巨大的蹲踞是庭园中的重要元素，需要精确放置，因为它位于水琴窟上方，水从上方流下会发出柔和的叮咚声。在最终确定重要的景观岩石的位置之前，枡野和他的团队透过画廊的一个矮窗户检查了岩石的视图。

合在一起，作为创造庭园空间的艺术"。[36] 这样，枡野能够达到他的设计目标，即"创造空间，通过让内心恢复平静来恢复人的本性。只有在庭园和大自然中，才能营造出如此优雅的空间"。[37] 作为一名禅宗僧人和园林设计师，枡野俊明凭借其长期的经验和纪律严明的训练来设计园林和景观，从而培养了这种意识，并在当今忙碌的世界中为有意义的沉思创造了巨大的空间。

▶ 蜿蜒的砾石"溪流"和多元的庭园元素旨在营造一种广阔的空间感，仿佛"溪流"和空间一直延伸到庭园的边界之外。

# 第二部分
# 公寓中的庭园

"庭园是有生命的，其外观会随着时间推移而发生变化。由于庭园的外观也会随着设计者有意赋予其的生命而发生变化，因此设计者会使用有生命的材料来建造，作为一种跨越时空的造型艺术，它会对人们产生持续的吸引力。庭园没有屋顶或墙壁，会受到雨淋、风吹、光照、遮阴和水汽的影响，它们的外观不断发生变化。此外，每个季节庭园的表现形式也不尽相同。风声、虫鸣、鸟鸣、水声等元素，都会超出设计者的意图，与大自然的生命及其运作规律深深地交织在一起。考虑到这些条件，当庭园被塑造为一个有组织形式的空间时，它们就会从一个人与自然共存的空间上升到艺术空间。"[1]

得益于禅僧的修行训练，枡野俊明的"艺术空间"概念并不是静止不变的，也不仅仅是一个表达设计师作为艺术家的想法或展示自我的空间。在枡野的设计中，要创造的庭园是能随着时间的推移变成一个与大自然密不可分的"艺术空间"。这就要求最初的规划和布局既体现场域的精神，也体现设计者的内心，以及设计者对众多场合和变量的全面理解和掌握，例如地形、气候、环境条件、功能规划和业主诉求等。除了这些关键因素之外，为了"人与自然共存"，枡野的设计过程从根本上诠释了他所谓的"设计共存"理念。[2]

基于佛教的"共存"原则，即包含人与自然共生、非等级关系的原则，枡野将他的设计理解为具有"平等地位"[3]的人与自然关系。他思考如何通过设计，让人类与自然"共同努力，为彼此创造最佳条件"。[4]枡野解释说，共存的概念是日本传统文化的基础，从农业到建筑再到园林，这种思想与典型的西方思想截然不同。在西方思想中，人类努力控制自然，通过"武力设计"[5]改变自然风景，"以方便自己"。[6]枡野坚信"这并不能激发人类的灵感"[7]，只有与自然共存才可以激发和滋养人类的精神，这也是他设计工作的目标。

因为枡野设计工作的目标是激发和滋养人类的精神，这是一个日本独有的理念，所以他在国外的作品设计中融入共存的概念显得尤为重要，例如多单元楼的公寓项目。然而，完成这些作品非常困难，因为枡野必须通过改造现有建筑周围的景观，或者必须通过与建筑师和开发商协商来找到足够的空间，才能正确规划和完成他的设计。枡野的庭园和景观空间"象征着自然"[8]，随着时间的推移，它们似乎一直在那里不动，已然成为居民生活中不可或缺的一部分。通过尽可能地保护现有景观并使设计"充分展现自然之美"[9]，枡野的公寓景观成为人与自然平等共存的"艺术空间"。

# 龙云庭
## RYŪUNTEI

海信公寓
中国青岛，2013

▲ 进入庭园，宽阔的石板路在砾石河床间蜿蜒向前，砾石上点缀着景观石，给人一种置身于大自然中的初体验。

▶ 宽阔的龙云庭场地平面图展示了枡野俊明如何将瀑布、岩石、成片的植物和树木等多种元素融入更大的庭园中，以创建不同的区域，并使每个区域都独具特色。

海滨城市青岛是中国东部的一个重要的经济中心。这座城市与自然之间联系紧密，它面朝黄海，坐拥浮山和崂山，再加上当地的森林公园，使得这座城市充满度假胜地之感。

当枡野俊明接受委托，为城市东部一处大型住宅开发项目设计景观时，他想要创造一个让居民感觉仿佛漫步于繁茂自然之中的地方。他的设计灵感源自禅语"龙吟云起，虎啸风生"，字面意思即龙吼云怒，虎啸风来。当我们以开放的心态和正确的精神与他人交流时，这句禅语暗示了一种不受杂念烦扰的心态的重要性，也即"无心"。枡野力图从这种无心意识的角度出发进行景观设计，从而带来"祥云"。在中国历史上，龙与云、水息息相关，而云被理解为象征着重要的宇宙能量或生命力，在中文中称为"气"（日语发音"ki"）。正如龙云亭的名字，枡野设计的景观象征着从海中腾起的云飞临庭园，一条龙在云中穿梭，盘桓在庭园周围，直冲长空。

该项目现场包括4栋高端住宅楼、楼宇间及其周边宽敞的绿地。大海与住宅区仅隔一条马路，云雾从海面升起。枡野的设计理念是打造四种截然不同的庭园风格，每栋楼的庭园风格各异，同时通过自然的方式将庭园与庭园联系起来，产生一种韵律感，使之与周围的自然风光相融合。为了与住宅楼的高度匹配，枡野在整个景观中加入了高大乔木和动态元素。虽然有些元素显示出传统的日式庭园样貌，但总体而言，庭园设计遵循传统设计原则的现代表达。

考虑到流水的声音可以让居民感到放松，并使其在听觉上初步感受庭院中丰富的元素，枡野设计了一个以瀑布为景观中心的池塘。在入口处，池塘映入眼帘之前，居民便可以听到瀑布的声音，再次体验身处大自然中的感觉。一条笔直的石板路从入口直接通向池塘。池塘边一条蜿蜒的浅红色石子路忽地与垂直延伸的小径相交。踏过曲折的小径，观者便来到池塘，空中的云雾和粗糙的岩石"岛屿"的倒影，让人联想到浮出水面的龙。

▲ 宏伟的大门标志着庭园的入口，在繁忙的街道和远处高楼代表的城市空间与静谧庭园代表的自然空间之间起到衔接作用。

▼ 作为庭园中可以与高层住宅楼相媲美的强大元素，枡野俊明用粗糙的岩石设计制作了高大的雕塑。

▲　石雕元素连接庭园的各个部分，从住宅楼过渡到庭园景观区。

▲　层次分明的粗糙岩石从水中"浮出"并与陆地相连，呈现出微型山脉之景。

　　水从池塘的主体部分流出，汇入溪流中，穿过树林流向开阔的草坪，在那里形成一个完美的圆形，象征好运的"宝石"正是分层瀑布的源头，从门口听到并贯穿整个庭院的流水声就是从这里流出的。在草坪和瀑布的东南侧，枡野设计了一个与之形成反差的、更能展示传统日式风格的枯山水庭园。这个幽静而紧凑的庭园以踏脚石为特色，穿过郁郁葱葱的绿植——低矮的、修剪整齐的树篱和色彩丰富的树木，通向一个砾石"池塘"，其中装饰着岩石"小岛"。从这些主要的特征出发，主池塘、飞流而下的瀑布、开阔的草坪和安静的枯山水，

从上俯瞰，中央瀑布精准的几何形状——庭园中完美的圆形"宝石"——点缀着看似随机摆放、纹理分明的景观岩石。

▲ 由石板随意拼接而成的俏皮马赛克图案覆盖了小山丘，顶部一块形状不规则的岩石为俯瞰庭园提供了一片安静之处。

景观环绕着4栋住宅楼，在每个区域展现出的各异的风景带给观赏者不同的体验，所有景观都由一条石砌步道连接起来。

在项目场地的北角，枡野运用大胆的图案和动态的雕刻元素来设计现代空间。时而粗糙、时而光滑的长条石板路，通向住宅楼的入口，也引向位于楼宇昏暗幽静处的岩石区域。锈色花岗岩块的设计便是砾石小径的尽处，它们既可以做长凳，也可用作篱笆和树木的支撑物。在场地的最北端庭园门外，枡野设计了一处水景和庭院区，供路人欣赏。

蜿蜒的步道从北向南延伸，经过喷泉，通向东边的住宅楼。住宅楼四周的庭园尤以层层叠叠、在树木间穿过的护道石为特色，营造出有纵深感的空间和强烈的动感。周边的高大树木将这一空间围起来，同时阻挡了望向临近住宅楼的视线，也减弱了相邻街道上传来的声音。

▶ 这块景观岩石上完美雕刻的圆圈等微小的细节，展示了人工的痕迹，有助于将观赏者的注意力重新集中在庭园的各个元素上。

▲　在靠近南侧住宅楼的传统日式庭园中，一条高高的
踏脚石小径通向壮观的瀑布和布满岩石的池塘。

▶　细致修剪的树篱和大块岩石沿着溪流的边缘排列，
溪流中间是一个落差很低的瀑布。微缩版的山景和水声
吸引着观赏者的注意力。

　　穿过枯山水，走近南侧住宅楼，变成了更为传统的
日式庭园设计。枡野将南面的区域规划为一个环绕住
宅楼的日式庭园。狭窄的小径有助于人们慢慢地冥想思
考，精心设计的驻足区有利于安静地自省。在郁郁葱葱
的绿植中，观赏者可以看到一个池塘，池塘里有一片河
岩，目光沿石阶上行，一帘瀑布映入眼中。一棵精心修
剪过的松树"探出"水面，其倒影与蓝天交相辉映。

　　从南面住宅楼到西面住宅楼，景致从传统日式庭园
的封闭感转变为更加开放的现代设计。大块红色的花岗
岩镶嵌在广阔的精修过的树篱中，而长椅则可以俯瞰景
观。方形踏脚石穿过被树篱包围的草地，草地上零星点

► 景观岩石从草坪和树篱中浮现，赋予庭园动感，让人联想到山脊。

▼ 枡野俊明将庭园设计成一个自然景观丰富的地方，这里可以让人感受、认识到大自然的力量，正如这块巨大的景观岩石所展示的那样。

◄ 在大型岩石雕塑群中，水从顶部的岩石倾泻到石盆中。枡野的设计理念之一是利用流水的声音让观赏者感觉自己置身于大自然之中。

▼ 粗糙的花岗岩放置在一块抛光的黑石板上。从黑石板镜子般的表面可以看到花岗岩的倒影，仿佛从黑石板下方生长出来一般。

缀着一些树木。石头小径在一些地方由长条石铺就，在另一些区域则由形状各异的石块铺就。小径通往几座拱桥——桥下是粗糙切割的花岗岩石条，经过盛开的粉红色杜鹃花海和几株枫树，火红的枫叶更加映衬出庭园的绿意盎然。

就像龙在画中飞翔，从海面飞向天空。通过连接不同区域的步道，枡野为欣赏龙云庭的观者创造一种既充满活力又平静的体验，将云的生命力和"无心"精神结合在一起。

◀ 在树篱和树木的组合中，一块船形的花岗岩仿佛漂浮在绿植之中，这是枡野俊明的众多石雕作品之一。

## 设计原则

### "真行草"

也可理解为"正式—半正式—非正式"，这种形式的分类在日本美学中以不同程度得以展现，从折纸、插花到建筑、景观。在日式园林中，真行草风格在石头小径中体现得淋漓尽致，其中一条由尺寸规则的石头搭建、宽窄相同的直线小径便是"真"的示例，而另一条由形状不规则的踏脚石铺设的蜿蜒小径则成为"草"的范例。

▲ 抛光的黑色石头从浮在柔软草坪上的岩石"岛屿"中翘起，展现了自然和人造元素的有趣结合。

▲ 略显风化的巨石在草坪上有规律地排列开来，草坪两边是石头步道和绿植。

# 水月庭
## SUIGETSUTEI

绿色之珍公寓
新加坡，2012

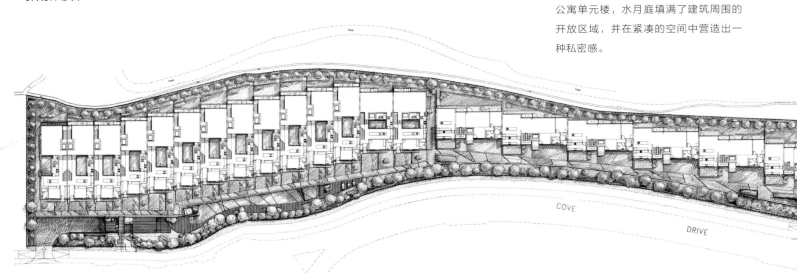

▼　在一个狭长的场地上，挤满了并排的公寓单元楼，水月庭填满了建筑周围的开放区域，并在紧凑的空间中营造出一种私密感。

　　利用禅宗的哲学和实践观念，将一个并不容易设计的地点变成一个让居民平静祥和生活的空间——这是枡野俊明设计新加坡绿色之珍公寓水月庭的初衷。该综合体位于人造度假胜地圣淘沙岛（新加坡南部岛屿）上的高端社区，是唯一毗邻圣淘沙高尔夫球场的豪华公寓。公寓和庭园所处地块的造型独特，设计起来极富挑战性。总长度200米，部分地段的宽度只有20米，最宽处也仅有40米。由于庭园开放区域的面积很小，枡野俊明与当地建筑师精诚合作，调整设计方案以分配给开放区域，尽可能多地创造与大自然的联系。

　　枡野运用禅宗的理念，将庭园命名为水月庭，字面意思是"水月庭园"。"水清月明浮"描述了水流回归大海，月亮总在移动，而不离开天空。这句谚语表达了大自然万变不离其宗的本质。枡野明白随着时间的推移，可以在变化的空间中感受到美丽与宁静，因此设计了水月庭，通过细微的变化，让居民感受到宁静以及与自然的联系。

▲　在主入口附近，公寓的名称被雕刻在前方石头上，周围岩石静立，植被环绕。

▶　如同空中的满月，一个带有凸面麻点的完美圆圈被雕刻进高大的柱状石雕中，是庭园一角的标志。

由于场地形状怪异且建筑周围的开放空间较少，使得既包括洄游式庭园又包括鉴赏式庭园的设计具有挑战性，但枡野依然认为有必要为居民们营造舒适的居住氛围。尽管公寓为现代风格设计，但枡野希望景观与建筑能相得益彰，因此也同时参考了传统日式庭园的建造模式。为了进一步实现目标，他利用客户对日本文化的浓厚兴趣，特意使用了传统町屋联排别墅图案来设计围栏和百叶窗等元素。

枡野设计的景观覆盖整个场地周边区域。通过在三面设立绿色缓冲区，狭窄的庭园将公寓与相邻的物业隔开。枡野种植的树木，以一人多高的树篱墙为背景，既能遮挡邻居的视线，也能在新加坡炎热潮湿的气候中提供一块乘凉之地。狭窄的草坪一直延伸到公寓后方的露台，装饰性的竹丛和多叶灌木将空间分隔开来，为单元楼间提供隐私保护。在场地后方，公寓的一层设有主卧室，可以看到带木甲板的下沉式露台。狭窄的庭园中精心布置的绿色植物既保护了隐私，又与大自然建立了联系。从每个单元楼的顶层，均可透过树梢看到高尔夫球场的绿色草坪和宽阔池塘。

楼群正面朝向公共区域的地方紧邻一条马路，枡野使用了相同的手法来规避一些障碍，遮挡视线。类似的比如墙状树篱排列在周围，不同种类的树木为步行道遮阴并带给人清凉的感觉，同时挡住了来自马路对面住宅的视线。从街道上来看，树篱的一个断口处是一条石板小路，"浮"在一条流动的砾石河中，流向入口。入口处的标志是几块巨石，镶嵌在长满青草的土丘和绿植中。穿过安保和会所大楼，低矮的悬挑屋顶除了具有遮阳功能，也展示了公寓的入口。在这里，石板路让位给一条人行步道，步道沿着长长的公寓单元线向前延伸。

▶ 从砾石床和草坪中冒出的低矮岩石露出锯齿状边缘,枡野特意保留了采石过程中的钻头痕迹。

◀ 在由石头铺成的小路和木甲板精准交汇的地方,一堵用考登钢制成的墙壁为游泳池和会所附近区域创造了多层空间。

这条步道在混凝土构成的斜条纹之间由大小不一的河石随机铺砌而成，经过每个单元的入口，每个入口处的草丘上都有一棵树标示。枡野选择了矮小的多叶树木，树枝很轻盈，随风摇曳，带给人清凉之感。单元楼入口的地上铺有宽石砖，通过反射池到达前门。改变步道的铺设材料，如同过门石，起到了分隔公共区域和半私人区域的作用。

进入公寓，经过树木、反射池和保护内部私密性的高墙，居民体验到从外部到内部的缓缓过渡。内部入口门厅和楼梯厅的惊喜元素放大了这种过渡。高大的庭院空间将每个单元的内部分成前后两部分。庭园被玻璃包裹着，从单元内的每个交错楼层都可以看到，庭园内有一个8.5米高的瀑布。水流顺着薄石头堆砌的墙壁直冲而下，撞击在最低楼层水池中央的地板上。阳光轻柔地照进来，反射出水从深色石头上喷涌而下的景象。水的景色和声音，连同后庭的景色，将大自然带到每个单元楼的中心。

▲　石雕表面用来种植植物，一块被粗略雕刻的巨大岩石与考登钢墙壁连接，并从地平面一直过渡到墙壁的垂直平面。

在室外，人行步道靠近公共区域一侧，枡野设计了一个洄游式庭园，并沿步道设计了各种景观。步道的某些部分很窄，边缘处是游泳池或反射池的矮墙。步道其余部分面向绿色植物区，偶尔会有精心放置的高大、柱状雕塑石作为焦点。枡野设计了这些石雕以吸引居民的注意，并为庭园提供一些能产生对比的元素。

在游泳池的另一侧，靠近路边的地方，枡野设计了一个木甲板，甲板在树木之间蜿蜒，并以其流动的姿态连接了游泳池、庭园和会所。在游泳池木甲板、石头步道和会所石砌露台的交汇处，是唯一一片面积足够大的区域，可以让枡野打造一个观景庭园。设计后的庭园视觉宽度超过实际4米的宽度，这是因为枡野通过将改变不同路段的材料与为绿植分层次相结合——低矮的树木、开花的树木以及高大的树木，以此来扩展空间感。白色砾石在高低排列的景观岩石中盘旋，打造出一个静谧的空间，可以通过光线的变化和风中沙沙作响的树叶来思考大自然的变幻。正是在此刻，充分诠释了枡野创造宁静空间的目标，可以让居民尽情享受大自然的无穷变化，感受内心的宁静。

◄　枡野俊明设计了一个高大的雕塑，其被切割的岩石边缘展示了岩石内部令人惊讶的色彩对比。

▲ 从会所进入庭院，向游泳池方向前进，木甲板将视线引入庭园郁郁葱葱的绿色植物中。

### 时间

在禅宗佛教中，时间不是线性的，而是"此时此刻"，一瞬间即永恒。与"无常"的概念相关，每一个瞬间的美都不可重复，这可以让人理解时间的转瞬即逝。在日式庭园中，这种瞬间可表现在微风吹动树叶，水面倒映月影，抑或樱花花瓣飘落。

◀ 毗邻会所的白色砾石、郁郁葱葱的绿色地被植物和精心放置的岩石景观，传递出传统日式庭院的宁静气质。

# 山水有清音
SANSUI SEION ARI

柏傲山公寓
中国香港，2016

在中国香港地铁天后站不远处的山坡上，有一个高端公寓楼——柏傲山公寓。这个公寓的庭园展示了城市棋盘式布局与自然形态的有机并置。枡野的园林设计思想反映出他的理念——对于在高压下工作的都市人群而言，仅仅毗邻自然景观而居是远远不够的。都市元素必须与自然元素相结合，室内空间必须与外部空间相融合。为了能在自然环境中创建一处宁静的居所，这一设计必须既包含丰富的物质元素，如对水、植物、岩石、天空和光线的运用，也要包含与艺术相结合的精神元素。

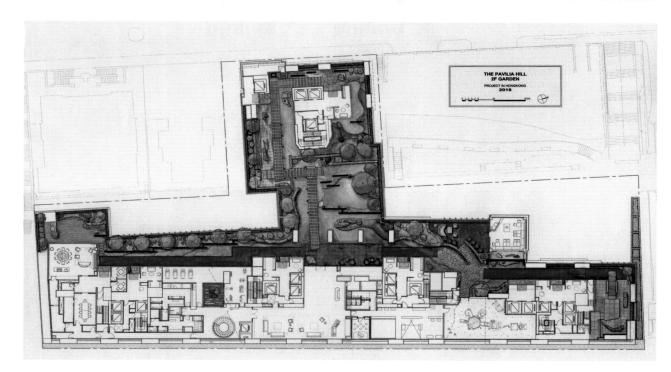

▲ 山水有清音的T形场地平面设计图显示了二层西侧的主庭区域。

◀ 为了将自然元素引入封闭的庭园，枡野用粗糙和光滑的岩石设计了一个低矮的组合，其风格与建筑本身保持一致。

▲　在入口车道周边区域，水从一面高大的黑色石墙上倾泻而下，黑色石墙后面是一堵醒目的条纹石墙。

　　枡野选择了禅语"山水有清音"作为设计的主题和庭园的名字，字面意思即"山、水、存在、纯净、声音"。这个禅意表达指的是一种清晰而纯净的声音存在于自然中，例如山和水。这种纯净是真实的，任何人造之物都不会产生同样的效果。在庭园中，枡野通过城市与自然的对比，凸显出自然景观的丰富性，营造出与自然共处的宁静之感。

　　5座住宅楼建在T形坡地上。虽然绝大多数的庭园景致都在二层，但较低一层的车道入口却已然为这独特的景色给予了第一重暗示。穿过由造型各异的石块搭建而成的高墙便进入了住宅区，一片枝叶繁茂的竹林与质感坚硬的石墙形成鲜明对比，长条石块与铺路石相间而置——这是城市与自然并置的最初表现。在第一栋住宅楼的底部，一道高达7米的水帘从安放在大型深色石框

▶ 由形状各异的岩石砌成的墙穿过木制遮阳棚，将庭园分成不同区域，条状石步道将视线引向远方。

▶ 在入口车道，一排竹子上流苏般的竹叶与其后的石墙在色彩和质地上形成反差。

中的黑色石墙上倾泻而下，与其后的条纹状墙壁形成鲜明对比。不远处，枡野将大型松树盆栽设置在质地粗糙的花岗岩制成的花盆中。车道另一侧是有绿植点缀的粗糙花岗岩巨石。在这里，和园中其他各处一样，都市刚性几何线条通过条纹和矩形框架结构展示出来，这与枡野用来表达城市与自然对比而使用石块和植物的方式融合在一起。

　　城市与自然主题在二层的主庭进一步展现。住宅区的入口坐落于曲径与矮墙间，增强了自然之感。顺着斜坡向西侧望去，每座住宅楼入口处的景色都呈现一片宁静、富饶之感。由枡野设计的石雕标示出各个入口，每个雕塑都可以令人将其与庭园名字中蕴含的意义联系在一起。枡野选择用庵治石花岗岩来制作这些雕塑，岩石生锈的棕色表层裂开露出内部的灰色，因此切入岩石内部才能揭示其隐藏的特质。在禅宗世界里，尝试展现每种材料的自然特性是很重要的。对于枡野而言，对庵治石进行雕刻和塑造意味着揭示它的内在特征。

◀　城市化的人工痕迹和自然的有机形式在庭园的中心交汇，在这里，带有顶棚的步道从绿草茵茵的小山丘和被精心修剪过的树篱间穿过。

▼　枡野俊明制作的"纯净"雕塑，他选择在一个有裂缝的高大石块，并在其表面加入凿刻的痕迹，以此提升和净化观赏者的精神。

▲ 在其中一座住宅楼的入口附近，树木和地被植物将绿色直接引到前门处，岩石排列调和了建筑空间的规模。

"存在""纯净""山""水""声音"——每一个雕塑都代表了枡野对这一名称及其在现代生活中象征意义的诠释。

"存在"雕塑——其柔软的表面与抛光部分相辅相成，提醒我们美在本质上存在于任何事物和任何人之中。"纯净"雕塑带着自然的裂缝和凿过的印记高高耸立，展现出振奋人心的美感，让人精神焕发。两块岩石，一块呈棕色，另一块裂开后露出里面的灰色，组合在一起成为"山"雕塑。每块岩石都是独一无二的，两块组合起来便彰显了一种凝聚在一起的强烈的生命力。"声音"雕塑的特点是模仿自然的和谐节奏，就像接触大自然时所感知的那样。"水"雕塑的形态暗示着流动的水，营造出有趣的形象，为日常生活增添活力。这些雕塑作为象征，提醒居民去认识与自然之间的联系，以及大自然在人类生活中发挥的作用。

　　一条由石头、木板共同铺成的室外步道将住宅楼的入口连在一起，并一直延伸到庭园。枡野设计庭园的目的是为漫步在其中的居民提供不同的景观和体验。冥想室、茶亭、烧烤区、儿童游戏室和健身房等舒适空间为庭院增添了宁静的景致。其中一些空间隐藏了某些只能从特定区域才能看到、不易被发现的庭园。这些"秘密庭园"中有一些是枯山水风格，仅由砾石组成，其上零星散布着岛屿状的岩石。然而，建筑群最北端的冥想室却有方形踏脚石，通向池塘中的浮台。夯土墙建构出这个空间，三条溪流从上方缓缓流下，在池塘中三块大石的周围激起涟漪。在安静而隐蔽的空间里，居民可以欣赏水景、倾听水声。

▼　夯土墙将冥想室的宁静空间包裹起来，冥想台像是漂浮在水池中。

▶ 为了强调岩石的自然属性，枡野移走了一块锈色的庵治石花岗岩，使岩石内层被掩盖的灰色展露出来。

▶ 在庭园的一处僻静区域，浅水池中静静地摆放着一组石块，其后是一堵水墙，水从堆叠的黑色石头上流下。

走出冥想室，粗糙的花岗岩巨石从池塘一直延伸到庭园里。随着人行步道朝左侧南向延伸时，方形踏脚石被木板路面所取代。经过步道之处是一片修剪过的树篱，支撑在粗糙的石质挡土墙上，保持了这个空间的私密性。随后，步道表面变成了随机的石头图案，笔直的边缘被柔和的曲线代替。步道缓缓穿过设置在葱郁的

绿植中的粗糙岩石。枡野将地被植物、低矮的植物、中等高度的灌木和高大的乔木分层而置，以遮挡相邻的建筑，并创造出充满变化的视觉构图。形状不同的绿叶颜色深浅不一，辅以偶尔盛开色彩鲜艳的花朵的灌木，营造出丰富多变的景致。

▶ 社区的玻璃门向后折叠，将内部空间与一个被树篱和石墙包围的石园连接起来。

▼ 一块薄薄的黑色抛光花岗岩板像悬臂一样从粗糙的灰色花岗岩石上伸出来，形成一个展示台。两块岩石的颜色和质地形成了鲜明对比。

▲　随着石墙的功能从围封社区庭园到保护土壤，以种植树木、灌木和地被植物，这堵低矮弯曲的石墙也从光滑的表面逐渐过渡到麻点再到粗糙。

▲　枡野俊明在庭园中设置了石雕，以使人们的注意力集中在特定的区域并展示自然的力量。

　　步道向西蜿蜒，起伏的石墙沿步道边缘而建，并模仿步道的曲线。起伏的石墙也出现在庭园南侧，与建筑群前面笔直的木板步道形成对比。这些起伏的石墙向庭园的西侧一路延伸，挡住了成片的植物和树木，掠过砾石区。正是在此，枡野的自然与城市以几何形并置的概念得以充分展现。

▲　对于"山"雕塑，枡野将灰色和锈色的庵治石花岗岩组合在一起，以凸显其特质，形成一幅山景。

▶　毗邻住宅楼，条状石步道在精雕细琢、高矮不一的岩石景观中铺陈开来。

▲ 高度抛光的黑色花岗岩石墙在自然景观中变换，以巧妙有趣的方式将城市的刚性几何元素引入庭园中。

◀ 庭园静谧的角落中安放的石水盆，提供了一个驻足用凉水洗手的地方。

　　抛光的黑色花岗岩墙立在山坡的草坪上，笔直而突出，可以调和富有立体感的绿植和平坦的砾石。条形石步道通向庭园，经过起伏的石墙、砾石景观和与之形成鲜明对比的黑色石墙。步道从一个木格子遮阳棚下穿过，遮阳棚采用了直线和90度角的现代设计风格。该步道位于静谧的枯山水风格石园与一个拥有长瀑布和岛屿状圆石的浅水池塘之间。瀑布从一面由许多深色薄石组成的斜壁上倾泻而下，水声阵阵，与庵治石岛屿的宁静、坚强而又精巧的组合形成鲜明对比。枡野再一次通过象征城市的直线元素和景观设计并置的方式来体现与自然的联系。在这里，就像在庭园的其他地方一样，居民可以驻足聆听水声，忘掉日常的烦恼，享受自然带来的平和与宁静，以及纯粹的真实。

▲ 对于名为"嬉戏"的设计，枡野想要表达一种游戏的精神，在这种状态下，人们可以化繁为简，达到精神焕发的平和心态。

▼ 低矮的岩石雕塑被放置在地面上，完美雕刻的圆圈中间开出一朵明艳的小花。雕塑体现了自然的不对称性，并与城市的刚性几何元素形成反差。

## 设计原则

### 不对称

　　两位禅宗美学学者——《禅与艺术》(1971)的作者久松真一和《禅与日本文化》(1959)的作者铃木大拙认为，作为日本美学的一个主要特征，不对称在禅宗园林设计中得以体现。与不完整的概念相关，不对称意味着动态，影响了人们对自然界有机不规则之美的理解。

# 清月庭
## SEIGETSUTEI

纳森华庭公寓
新加坡，2018

▶ 清月庭的平面图展示了枡野俊明
如何弱化庭园中心现有的狭长游泳池
的刚硬边缘结构，打造一个具有光线
反射功能的游泳池，可以在水面上
欣赏月色。

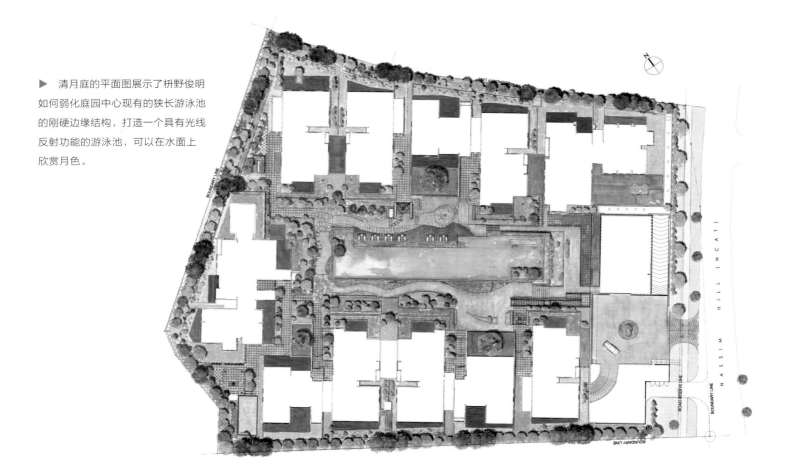

　　两座由粗糙岩石雕刻而成的雕塑叠放在一个形态完美的深色抛光花岗岩底座上，上方的岩石上刻有公寓大楼的名字，迎接来到纳森华庭公寓的游客。闪亮的花岗岩底座衬托了其后方植被墙壁的棋盘格子图案，暗示人们需要从庭园外等待进入景色葱郁的庭园。

　　清月庭是枡野俊明不同寻常的设计作品，需要翻新新加坡一个公寓大楼内现有的大庭园和其他种植区域。客户购买了55套中的45套，并希望将先前热带巴厘岛度假式庭园改造成一个拥有大量绿植和水元素的现代庭园，给人一种身处日本的感觉。设计时不得不考虑庭园中间狭长的矩形游泳池，其底层的混凝土结构无法改造。由于整个庭园都位于地下停车场的上方，因此枡野无法在庭园表面增加太多重量。场地本身的这些限制以及业主改变空间整体感受的强烈愿望，为枡野限定了一个严格而又极需灵感的设计框架。

▲ 大型景观岩石镶嵌在游泳池边缘的深色砾石中，给人一种传统日式庭园的印象，极具现代感。

▶ 标志着车道中心入口，叠放的岩石雕塑上刻有公寓的名称，同时也暗示此处有一座庭园。

　　枡野第一次看到中央游泳池时，就注意到了其巨大的面积。游泳池向南北方向延伸，可以根据一天中不同的时段来反射阳光或月光。枡野认为这些反射出来的画面很适合用来打造空间，不禁想起禅语"水清月明浮"，意指月影漂浮在纯净的水面上时散发的光亮。根据这种意境，枡野想要创造一个空间——人们可以从日常生活的微小变化中，找到纯粹的快乐和幸福。因此，他选择了"清月庭"这个名字，意为"纯净的月亮庭园"，以禅宗的表达方式，暗示我们要在日常生活中追寻简单的快乐。

▶　在公寓的边缘部分，由石头和青苔组成的棋盘格图案在经过露台向庭园种植区延伸时逐渐变得无规则。

▼　庭园入口处，层次分明的瀑布流水声和宏伟壮美的景观石吸引人们进入庭园，锈色的日式花岗岩被设置在深色的中式花岗岩石壁前。

庭园的整体造型沿用了游泳池的矩形形态，周围的公寓楼高出游泳池近五六层楼的高度。为了在严格的几何空间里营造一种置身庭园的感觉，枡野综合了几种主要的设计方案。首先，在面向入口处的游泳池南端，他建造了一个引人入胜的瀑布和倒影池。其次，利用游泳池高于入口地面的特点，枡野创造了一个无界限的边缘区域，让水流从游泳池倾泻到堆积着深色中式花岗岩的墙壁上，并流入由日式锈色花岗岩建造而成的粗糙墙壁的顶部。最后，水流汇集在一个浅浅的矩形反射池里，两块大型观赏石独立"漂浮"其中。

从入口内部和电梯厅窗户望出去，瀑布为庭园营造了一个具有冲击力的画面。轻石覆盖的人行道，一块大石"漂浮"其间，与相邻反射池中的岩石产生呼应，看起来像是两个反射池之间的桥梁，桥梁的一端深插瀑布底部，另一端则毗邻建筑。流水的观念和音效在热带气候中给人以清凉之感。

从反射池开始，从石头铺就的步道拾级上移一小段，经过游泳池，便是枡野的下一个重要设计所在。为了减少游泳池和周围几何建筑的影响，枡野将人行道设计成一条蜿蜒的小路，其柔和的曲线在建筑边缘以及人

▼　石头铺成的步道蜿蜒"穿过"庭园，经过游泳池和种植区，从入口处通向庭园的各个区域。

▲ 公寓外围展现出庭园元素的多样性，如深色石围成的低矮方形花盆和遍布苔藓的梯形石斜墙，和谐统一。

行道和游泳池之间创造出一处温馨的空间。当人行道朝着游泳池的另一侧延伸时，深灰色的砾石填满了小路和游泳池之间的空隙。水流经过游泳池边缘，浸入砾石床中。枡野在整个砾石床中铺设了大型粗糙的景观岩石，营造出日式庭园氛围，同时又具有现代美感。为了能够使用从日本带来的一块巨型岩石，枡野不得不凿空岩石内部来减轻重量，最后只留下一个10厘米厚的外壳。为了运输该岩石，枡野还需要将其切割成两半，运到现场后再重新组装。这些技巧的运用让他完成了设计，同时也兼顾了游泳池底层混凝土层结构对重量的限制。

▼ 石头铺成的小径着色大胆，与深色砾石床、蓝色游泳池和明亮的绿植并列排放，为庭园营造出现代感和构图美感。

▶ 景观石边缘的锯齿形状，显示出采石过程中的钻孔痕迹，提醒观赏者不要忽视人类在改造大自然过程中发挥的作用。

◀ 在由矩形和方形石材铺设路面的几条小路的交叉点，奇形怪状的石头像超大的马赛克一样紧密地组合在一起。

大部分景观石位于砾石床内，也有部分被用来填充路面，这种设计有意地破坏了流动的曲线，仿佛是在提醒观赏者停下脚步，环顾庭园，尽情享受。这些"有趣的干扰"要素也被运用在景观的其他地方，这是枡野的设计特征。例如，大型石质花盆中的树木似乎漂浮在游泳池中，以及从下层通向游泳池边的楼梯用浅色石块铺就。楼梯的中间部分镶嵌着完美的方形岩石，便于踩踏，而其边缘却是粗糙、不规则的形状，像是随意创造的景观，有的甚至带有采石场钻头留下的非天然的纹理。

▲ 在入口附近，宽阔的石阶通向游泳池。每个石阶中间部位被打磨光滑，而石阶外缘显得比较粗糙。

▲ 景观岩石从种植区"溜到"人行道上，为精心设计的庭园增添了几分雅趣。

▶ 庭园潜入到建筑下方的开放区域，一些黑色石头散布在绿色的草坪之上。

庭园中的第三个重要设计元素是枡野在游泳池内放入了两个种有高大树木的大花盆。游泳池两端各有一个，遥相呼应。树木提供了绿荫，从庭园南端二层的公寓大堂望去，有一个分层的空间视野，前后平台布满树木，中间是无边游泳池。高大的树木也有助于调节庭园空间的高度。高台上的植物弱化了几何形状的刚性印象，并为大堂边缘创建了绿色隔离带的效果。

▲ 为了诠释对传统日式庭园的当代解读这一设计意图，在整个设计中，枡野俊明在不同区域使用了大型景观石。

▼ 在公寓公共空间中，与落地玻璃窗相邻的柔软植物将大自然直接引入内部空间。

▲　从游泳池平面向入口处仰视，显示出精心设计的庭园元素的丰富内涵和色彩。

▲　石头和青苔组成的棋盘格图案斜坡横在公寓单元楼和附近建筑之间。

▲　游泳池边上的花岗岩巨石弱化了游泳池前方坚硬的外沿，创建了一个从游泳池到远处绿植的过渡区域。

▲ 阳台边缘种植的植物多层次地点缀着庭园，
并为室外空间增加了三维深度。

每栋单元楼的一层均建有面朝庭园的露台。枡野用1.1米高的瀑布墙替换了现有的扶手。水流从墙壁两侧流向单元楼和庭园。通过与瀑布的结合，露台成为整体景观的一部分，同时也为庭园内的每栋单元楼提供遮挡，保护隐私。瀑布还能发出舒缓的声音，微风吹过水面，具有冷却效果。对于建筑群后方的套房，公寓和相邻住宅之间的通道变窄，枡野特别设计了一个带有棋盘格图案的斜墙，让人联想到入口处的植被墙。斜墙上方的梯形石头散布在苔藓覆盖的墙板中，将光线反射到套房中。花盆中种植的小树偶尔能提供一些阴凉，也增添了视觉的多样性。

沿着整个楼群铺设的庭园小径行走，景致因地而异，路的表面从铺路石变成木板，再到绿色草坪中的方形垫脚石。从枯燥的枯山水风格庭园到郁郁葱葱、色彩鲜艳的树叶、树木、草坪形象，枡野设计的清月庭可以让公寓居民察觉到置身庭园时的微小变化，心情愉悦地欣赏白天安静的阳光和夜晚如水的月光。

## 无常

佛教中的无常概念与短暂、转瞬即逝有关，禅语中"一期一会"，字面意思即"一生一次会面"，指的是一次相遇的价值，因为错过就再也无法重来。作为人类经验的组成部分，这种无常和易变的想法在日式庭园中，往往会通过随四季变化的树木、花草或每日变化的光影来表现。

▼ 从阳台往下看，铺着石块的绿色草坪与木制游泳池平台并列排放着。

## 设计结合生命短暂的材料和永恒的自然：
## 米拉·洛克与藤森照信、枡野俊明的对话

**米拉·洛克**：你们都从事设计和其他职业。枡野既是一位禅僧，也是园林设计师——"穿着两双草鞋"（在日语中表示一身兼两职）。作为历史学家和建筑设计师，藤森也同样"穿着两双草鞋"。

**藤森照信**：不过，禅僧和历史学家是完全不同的流派。

▲ 枡野俊明与建筑历史学家、建筑师藤森照信以及米拉·洛克在交谈。[1]

**米拉·洛克**：确实如此！但是你们两人在从事另一种工作的同时，也在从事设计工作。这是为什么？

**藤森照信**：因为我一直很喜欢建筑，所以我成了一名历史学家。巧合的是，我45岁那年受委托要设计自己家乡[2]的一个建筑（即日本长野县的神长官守矢史料馆）。

**枡野俊明**：是吗？

**藤森照信**：他们原本打算请别人来设计的，但这个史料馆的内涵与现在的神殿有所不同，它传达着古老的信仰。我认为很难真正做到这一点。另外，它是我出生和长大的地方，是我小时候从卧室就可以看到的地方。如果在那里看到不合适的设计会令人不快。

**枡野俊明**：我也是这样意识到自己喜欢设计的。第一次是在上小学时，我的父母（我的父亲曾经担任德雄山建功寺的住持）带我去京都旅行。很平常地，我们参观了龙安寺和大德寺的大仙院。但是到龙安寺的时候，我感到惊讶不已。怎么会有这么漂亮的庭园？在我孩童时的心目中，我出生和长大的地方——德雄山建功寺，被我视为禅宗寺院的标准。除此之外，我不知道还有其他的。然而，当我去了龙安寺，在那里我看到人们正专注地盯着如此美丽的庭园。我想，"那是什么？"这是一种文化冲击，就好像我的脑袋被斧头劈开一样。从那时起，我的兴趣激增。

**藤森照信**：在同一个禅宗中，京都禅宗在庭园设计方面大不相同，是吗？

**枡野俊明**：完全不一样。从那时起，我就很好奇。当时我的父母除了订阅报纸，还订阅了每周一期的《朝日周刊》杂志。一个偶然的机会，当我翻阅这本杂志

▲ 龙安寺的枯山水庭园精心设置的构图是对枡野俊明的早期启蒙，他在上小学时与家人一起去京都参观了该庭园。

时，发现它每个月都会刊登一次庭园的黑白照片。我在蜡纸上描绘了庭园，这些蜡纸是我从去寺院祈祷的人带来的糖果盒上撕下来的。

**藤森照信：** 那是因为你真的很喜欢它，对吗？

**枡野俊明：** 我也不知道是否因为我喜欢它，有些东西对我来说很有趣，我就不断去做。这就是我设计的开始。

**米拉·洛克：在这个时代，设计的作用是什么？**

**枡野俊明：** 对我来说，关于设计的作用，我想是如何通过设计为社会做出贡献。在当代社会，随着城市化进程的推进，城市里到处都是非常坚固的建筑。我一直在思考如何在其中恢复人性，或者我们如何保护还原人性化的空间，为人们创造一个可以停留的地方，哪怕只

是短暂的时间，远离他们的日常生活，问问自己这是否是正确的生活方式和道路。如果我能创造出这种空间，我会很高兴。这个想法一直萦绕在我的脑海里。

**藤森照信：** 就我而言，我认为创造美好事物的行为是我最重要的工作，尤其是在建筑方面。相比之下，由于庭园是为此目的而设计的，因此它们通常很漂亮。然而，当我们看到当代建筑时，有许多毫无美感可言。我觉得这是有问题的。因此，我想设计美观的建筑。

**米拉·洛克：为什么美很重要？**

**枡野俊明：** 美比其他任何东西都更能帮助人成长。如果我们总是看美丽的事物，我们的内心[3]就会平静。最重要的是，人类的感性素养和审美可以得到提升；看待事物的方式和价值观，甚至对一切事物的思考方式都

会发生变化。这是与人类发展有关的事情。通常生长期过后，身体的生长就停止了。然而，对于人类的发展来说，内心的成长可以一直持续到死亡。因此，美是重要的，因为它确实能给人类生活增加营养。

**藤森照信：**我们真的很有必要创造美丽的东西，不是吗？

**米拉·洛克：**你如何描述自己的设计过程？

**藤森照信：**就我而言，我通过画草图来表达自己的意图。我不做模型，基本上是亲自画，虽然最终设计是我与专业人士一起合作完成。在确定基本想法之前，没有什么比在纸上专心勾画更好的方法了。有想法，我会重复画好多遍，直到得出一个概念。然而，通常第一个想法并不是最有趣的，这似乎是我以前在某处见过的东西。然后我会重新开始。对我来说，通常会从外部开始。接下来，我会考虑平面图、剖面图和结构，最终确定尺寸，然后我一遍遍地重复这个过程。

**米拉·洛克：**你不做任何模型？

**藤森照信：**一般来说我不做任何模型，但我也做过一些模型，仅在要求我为展览制作模型时做。我制作已完工的建筑模型。这很有趣，而且我是用电锯做的。

**枡野俊明：**是吗？

**藤森照信：**因为我没有助手，我必须在一天内完成，所以我必须用电锯。

**枡野俊明：**是用木头吗？

**藤森照信：**对的。因此我无法制作内部或细节。然而，使用电锯的好处是，如果是木质建筑的话，我的模型使用的是真材实料。

**枡野俊明：**因为它是木头。（笑声）

**藤森照信：**在杂志上发表模型时，会发生非常有趣的事情。摄影师真的会把镜头拉近来拍照。原因是对于一个常规的建筑模型而言，如果将镜头拉近拍照的话，奇怪的胶水或杂线就会清晰可见，看起来会像完全不同的东西。但是因为我的模型是木头的，所以质感很真实。在没有制作模型的情况下，设计阶段真正完成的只是草图。然而，草图本身并不能成为建筑，我还必须做其他事情。就概念阶段而言，仅有草图。

**枡野俊明：**就我而言，一般情况，我会去现场并停留很长时间，全面彻底地思考如何利用场地的特点。如果土地是倾斜的，我会考虑如何充分利用已有数万年历史的斜坡，以及如何最优地创造美丽的空间。如果场地有大树或岩石，在考虑如何最充分利用它们时，我可能会将建筑在视觉上向一侧移动一点。临走前我会把这些都记下来，再仔细画在场地平面图上。这样便出现了各种图像，然后我用工作人员制作的草图和模型反复探索。"让我们把这个放在这里，那个放在那里。"我们会多次重复这种工作。

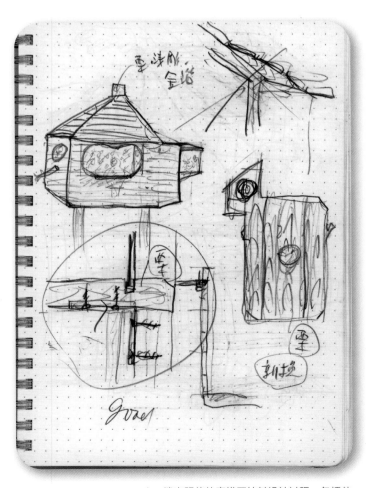

▲ 滕森照信从素描开始其设计过程，包括他对建筑形式、空间和细节的构思想法，如同设计茶室一样。

枡野俊明与藤森照信和米拉·洛克讨论了自己家乡建功寺近期重建的主殿中的关键元素及其背后的含义。

藤森照信：在草图阶段，你基本确定岩石、砾石、树木、动线等位置了吗？

枡野俊明：通常，园林的结构就是在那个阶段确定的。例如，远处有我不想看到的风景，我会建造一座山丘，然后利用这个山丘来阻挡视线。比如，从那个高点开始，我可能会把水引到建筑前，在前面形成一个水面，将水的光线反射到建筑的天花板上。我会思考结构设计，在现场时我主要确定这些事情。通常，园林的结构是在那个阶段确定的。这样一来，园林与周围景色相契合的方式就会浮现在脑海中。另外，我愿意倾听客户的意愿。例如，对于像箱根或轻井泽[4]这种度假场地，对于那些生活在城市中忙碌的客户来说，他们希望有一种休闲亲近自然的感觉，我会思考如何在那里创造一个让他们感到无忧无虑和放松的空间。如果场地位于城市中，我会将场地的特质与客户的要求结合起来，再根据自己积累的经验和对禅宗的理解进行设计。

藤森照信：我从不考虑客户的意愿。例如，对于私人住宅，当我与客户会面时，很明显我对厨房或烹饪没兴趣。如果我还要设计那些区域，就会有问题，所以我根本不接触这些。相反，我要求设计合作者与客户会面。这听起来很奇怪，但我不感兴趣的领域就不会接触。

枡野俊明：不接触，这可能是最好的方法，对不对？（笑声）

藤森照信：这么说吧，当我为客户养老孟司[5]设计度假屋时，我问他有什么特别的要求或愿望，他说"没有"。他是一个很真诚的人，他说原因是他从来没有想过建筑是什么，也不知道建筑能做什么。他说那对他来说是一个完全不同的世界。我突然明白了，如果我半途而废，客户就会生气。因此从一开始我就不会设计我不喜欢的东西，例如厨房。然而，如果厨房的某个部分让我感兴趣，我会设计它，但这非常少见。我很少为客户考虑太多，您的日本客户有要求吗？

枡野俊明：现在他们大多没有要求了。过去我收到委托时，他们经常会说"我想在这里建一个池塘"之类的话，但现在他们只是要求我尽可能去做最好的设计。大多数的时候，他们把一切都交给我。

藤森照信：这是我前段时间听到的故事，在建造一个公司总部的时候，公司总裁根本不知道总部应该是什么样子，这对设计师来说是最困难的事，设计没有任何头绪，容易令人沮丧。如果我们从一个想法开始，会有许多不同的解决方案，这是日建设计[6]建筑事务所的社长对我说的。委托日建设计的客户大多没有特别的要求，哪怕只需要他们简单地说句"我喜欢那座建筑"或"某某地方的音乐厅很棒"。

米拉·洛克：委托你的客户特别想要一座你设计的建筑。

枡野俊明：是的，就是这个原因。

藤森照信：就我而言，说起来很奇怪，但我没有收到任何具体要求。他们告诉我"做你想做的"。

米拉·洛克：为什么现在的客户对设计没有特定的想法？他们过去有吗？

藤森照信：就大公司而言，过去日本公司通常会有一个所有者，这个所有者就是公司总裁。他们有抱负和梦想，但现在总裁不是公司所有者，而是公司雇佣来的，几乎没有太多抱负。

枡野俊明：这两者有很大的区别。的确，对于一家公司的总裁来说，首要任务是制作没有人会抱怨的东西。

藤森照信：我敢说，在这样的大公司总裁往往没有正确的心态。

米拉·洛克：委托设计园林的客户也是这样吗？

枡野俊明：大多数委托设计园林的人都是公司的

所有者。

藤森照信：而不是公司雇佣来的总裁。

枡野俊明：这个时候，除了为开发者工作，客户多数都是老板。当我问"你去这里或那里时，你特别喜欢什么？"或者"这个怎么样，那个怎么样？"他们通常不太记得，只记得"有一个池塘"之类的细节。如果我回答"你喜欢水吗？"，他们会说，"希望有水元素，其他的你都可以决定。"事情就是这样。

藤森照信：对于园林来说，如果主人没有很强的感受力，是很难设计的。

枡野俊明：是的，他们必须很喜欢园林，因为园林还需要经常维护。

藤森照信：园林后期维护很重要！我也一样，客户委托我基本上是因为他们喜欢我的建筑。

米拉·洛克：之前我们谈过枡野信奉禅宗，而藤森信奉神道教。您觉得这种宗教背景会影响您的设计工作吗？

藤森照信：最难的是，日本神道教没有任何哲学。神道教的哲学也从未被记录下来。这有点飘忽不定的感觉，它没有哲学主要是因为无法用语言来描述。一般来说，自我意识很难不受到世界的影响，这有点难以形容。要知道，这感觉就像在梦里看到的一样。对我来说，我毫不怀疑它有影响力。我周围的人也都这么说，这应该是真的。不过至于对我有什么样的影响，我就不知道了。我也不清楚它是什么，但我知道自己的设计和别人的不一样。至于不一样的原因我没想过。

米拉·洛克：在你的设计中，你对柱子的使用是独一无二的。

藤森照信：我真的很喜欢柱子。

枡野俊明：就像御柱[7]（一种特殊的柱状树桩，竖立在一些神社里）。

▲ 日本最重要的神社之一长野县的诹访神社，离藤森照信长大的地方很近，有一棵巨大的独立冷杉树干，称为御柱，用于神社节日。

米拉·洛克：藤森的家乡离诹访神社很近吧？

藤森照信：没错。最近我对柱子的使用变得越发自觉。有那么一度，我意识到我真的很喜欢它。就在那时，我设计了第二个作品——滨松市秋野不矩美术馆。在建造过程中，当横梁被放置在柱子上时，我觉得横梁是一个障碍。这是事实。从结构上讲，建筑是由柱和梁组成的，但我发现梁很烦人。柱子笔直向上延伸，但横梁却使建筑看起来很凌乱。这就是为什么我在设计熊本县立农学院学生宿舍时，把所有的横梁都藏在了餐厅里。我的心情终于可以平复下来了。将横梁隐藏在柱子上是一件简单的事情，只需在横梁下设计一个天花板即可。

▲ 外露的木柱和横梁支撑并增大了滨松市秋野不矩美术馆的内部空间，该美术馆由滕森照信设计并于1998年完工。

▲ 藤森照信设计的一座小教堂中，木柱和横梁的框架与墙壁分开，这是在2018年威尼斯建筑双年展梵蒂冈教廷展出的第一个展馆中的十个国际建筑师设计的小型独立小教堂之一。

**米拉·洛克：通过隐藏横梁，可以营造出森林般的感觉。**

藤森照信：是的，就是这样，当时我想创造一片森林。我想做很多柱子，但我认为这些横梁恰好挡住了，就想把它们藏起来。只有一个人指出了这一点，那就是伊东丰雄[8]。他很直接地说："这是我第一次看到日本建筑的柱子上面没有梁。"因为他是一个极具洞察力的人。最近我又开始把梁展示出来了。从结构上来说，把梁露出来比较实在，因为没有梁我们就造不了楼。关于梁的最佳表现方式，我想了很久。在2018年威尼斯建筑双年展上[9]，我尝试并找到了一种可以展示梁的方式。这很简单，但我使用的方法是不将任何墙连接到梁柱结构上。当然，在日本也有将墙和柱子连在一起的"真壁造"（柱子外露的墙）的例子，但我不喜欢它们。我希望墙像墙，柱子像柱子。在欧洲木结构建筑中，也没有单独的柱子，但我喜欢单独的柱子。或许正如你所说，这是受到神道教的影响。然而，由于神道教

是一种基于自然的信仰，独立的树木一直很重要。

枡野俊明：它们是凭代（神道教中能够吸引神灵的物体，如树木），不是吗？

藤森照信：可能受神道教的影响，但它源于我的童年。然而，相比其他建筑师，或者与欧洲木结构建筑或日本建筑相比，当想到为什么我喜欢柱而不喜欢梁时，我认为这一定与受神道教的影响有关。但是我在设计的时候不会考虑这个原因。

**米拉·洛克：你的第一个作品，神长官守矢史料馆入口的柱子就穿过了屋顶，是吗？**

藤森照信：即使到现在，我也清楚地记得我是怎么做的。屋顶是向前倾斜的，这是在日本小路旁神社倾斜的屋顶基础上做成的。我觉得它不是特别有趣，因为它看起来和路边其他的古老神殿没什么不同。我站在那里画草图，屋檐上方出现一条线。我认为它看起来不错并以此建造了它。然而，世界上任何地方都找不到穿过

▲ 在熊本县立农学院学生宿舍的餐厅中，树干状的柱子增强了高度感，这是藤森照信在2001年设计的。

▲ 藤森照信的故乡长野县茅野镇的神长官守矢史料馆于1991年竣工，是他的第一部建筑作品，其特点是用4根柱子贯穿建筑的屋顶。

屋顶的柱子，这对我来说很有趣。因为是当地政府的项目，所以我想"我必须解释一下，如果我说它们是御柱，那么就完全没有问题了"。（笑声）"他们不会抱怨御柱。"从那以后，只要有可能，我就让柱子穿过屋檐。

**米拉·洛克：在神道教中，御柱连接着大地和天空，这方面你考虑过吗？**

藤森照信：我后来想到了。我在世界各地看过不同的柱子。我觉得我可能是见过新石器时代巨石阵和巨木阵最多的人。从爱尔兰边界到墨西哥的玛雅，我都去过。在最古老的玛雅金字塔的挖掘中，我们发现柱子一直是竖立的。当然，美洲原住民印第安人也有这样的。你和我一起去参观了卡霍基亚遗址[10]，对吧？它们太棒了！木柱一个接一个地竖立在一个直径为100米的圆圈内。看到它时，我太兴奋了。现在我想这很可能是受到自然信仰的影响。还有，刚才枡野也提到了，有"石头凭代"。我们还讨论了木头凭代，但基于自然的信仰中

▶ 据考证始建于900年至1100年之间，美国伊利诺伊州柯林斯维尔附近的卡霍基亚遗址重建的木柱。木柱与春分和冬至的日出和日落保持一致，因此用作太阳历。

有许多不同的凭代。木头凭代很普遍，它们是非常高大的树木。后面还有石头凭代，石头凭代不会随着时间的推移而消失，但木头凭代会屈服于时间。枡野，你有意识到石头凭代吗？

**枡野俊明：**摆石的行为起源于磐座（巨石堆积而成的超自然的大型岩石居所，神道教神灵居住于此），将一根注连绳（用来包裹神道物品或划分区域的绳索）放在一块大岩石周围，然后在它周围布置其他岩石。该区域被封闭成一个特殊的空间。据说这就是日本庭园中摆石的由来。

**藤森照信：**在禅宗中，梦窗疏石[11]也经常创作摆石。他是如何联系起来的，或者有什么关系？

**枡野俊明：**我认为摆石的想法最初是通过在石头凭代周围收集石头而产生的。在平安时代[12]，禅宗传播之前，庭园中使用了摆石的设计。日本的摆石技术在平安时代就已经完全确立了。梦窗疏石是第一个根据"每块岩石中都有佛性"的理念来思考如何建造庭园的人。为了尽可能地产生这种效果，需要去除所有的装饰元素。被称为"简美"，这是一个减法过程。不增加元素，反而继续进行简化，最后它变成了枯山水庭园。

**藤森照信：**这样的话，梦窗疏石建造一座日式石园时，是否用禅意重新诠释平安时代的含义？

**枡野俊明：**我想是这样的。梦窗疏石出生在伊势[13]，大约5岁的时候，他来到山梨县，在镰仓的建长寺修行。之后，他成为圆觉寺的僧人，创立惠林寺后移住京都。

**藤森照信：**惠林寺是梦窗疏石移住京都前的最后一个作品吗？

**枡野俊明：**是的，和他在京都建造的其他庭园相比，惠林寺的庭园建造在技术上有很多不同之处。在庭园的构成上，有些区域不那么精致。大约在建造惠林寺庭园10年后，他又在京都建造了西芳寺庭园。我认为与山梨县甲州的庭园工匠相比，京都的庭园工匠有着更好的经验和技术能力，可以按照设计者本身的意愿完成

设计。当时，京都的造园技术已经很成熟，但甲州还没有达到。另外，像梦窗疏石等造园巨匠所带来的历史转变也非常重要。

**米拉·洛克：**我们已经讨论过木头凭代和石头凭代，你们两人在设计中经常使用自然材料——木材、石头和植物。您认为自然在当今时代的意义和作用是什么？

▼ 基于自身的禅宗修行，枡野俊明设计了庭园的每个元素，以展现其本质。

藤森照信：就我而言，我的设计有点超出建筑界。庭园始终是由岩石、水、土壤和植物构成的。然而，建筑是用钢筋、玻璃和混凝土建造的。我研究用这些材料进行建造已经很长时间了。但是，当我45岁第一次设计时，我觉得自己不会那样设计。原因是安藤忠雄、伊东丰雄、石山修武和其他与我关系很好的建筑师，都在使用这些材料进行设计。我认为在这个年纪踏入设计行业，我应该做一些不一样的，做一些他们没有做过的事情。仅此一点就有点困难，但除了做他们没有做的事情之外，我还想做一些值得一看的事情。通过神长官守矢史料馆的设计，我对此进行了探索。后来我想，这很好，可别人会怎么看呢？我不知道。我并不在乎那些常与钢筋、玻璃和混凝土材料打交道的朋友们是否欣赏它。我认为最重要的是避免破坏神道教那个影响如此强大的地方环境。在那个地方，有一座房子和庭院，还有农田和林地，远处是神圣的守谷山。我在那里长大，知道这是一处很好的景观。我不想破坏它，我也不敢。后来我完成了这个项目，而且没有破坏景观。最重要的是，完成时我父亲和当地的长辈们来了，你猜他们怎么说？我父亲说："当地政府好心给了我们钱，为守谷家在村里建了这个博物馆，你为什么要建造一个看起来像破旧房子的东西？"简单来说，从当地人的角度看，这个建筑看起来像一座老房子，我为此松了一口气，因为它融入了环境。这大体上是好的，但我也担心建筑师的评估，尽管我认为如果它被批评或忽视，也没有太大关系。但人们来看它并欣赏它，这让我很高兴。

### 米拉·洛克：枡野，您对自然有什么看法？

枡野俊明：佛教讲"山川草木悉皆成佛"[14]。人在做某一件事时，往往先判断利弊。天然岩石、水、树木、土壤，所有这些都表达了它们的本质，这本身就是存在的真理。我认为这是最重要的。在日本庭园中，我们说"岩石的精神"和"树的精神"[15]，我还添加了"地

▲ 枡野俊明在现场工作，以确定最终的设计细节，例如使用石灰来划分庭园中景观土丘的弯曲边缘，是其设计过程的重要组成部分。

方的精神"。对于岩石，如何才能将岩石的本色勾勒出来，突出它呢？对于树木，如何才能发挥出它们最好的特性并使其突出？也就是说，目的不是在特定场地中强调自身的设计，而是我如何利用这个特定场地——充分利用这块岩石，突出这棵树，同时使每一个元素都与众不同。就如同创作交响乐一样，在充分利用小号、小提琴、中提琴和其他乐器的同时，我们如何才能创作出鼓舞人心的乐曲？实现这一目标是设计师的职责。对我来说，这只能使用自然材料去完成。因为我从一开始就使用"短暂"的材料，如果我能用禅意来加强设计，我认为有可能创造一个空间，让每一个人都能深深地感动，同时也增加了艺术性。这就是我面对自然的方式。在日本或国外设计项目时，我不会说"这棵树妨碍了设计，需要砍掉它"或"按照我喜欢的方式移动石头"。这不是那种以自我为导向的设计。相反，我会问，"对于这块石头，最好的位置在哪里？这是令人印象最深刻的地方吗？"我这样定位它，然后在它旁边放一块小石头，它变得更加壮观了。就是这种思维方式，在禅宗中，这称为"无我"。

▲ 结合麻点和粗糙的表面，枡野设计的高大石雕
充分利用了岩石的自然色彩。

**米拉·洛克：** 有时您也会雕刻石头。

**枡野俊明：** 当没有必要雕刻石头的时候，我就不雕刻了。通过它们的切割方式和表现形式让其变得更加丰富。如果我想揭示隐藏在它们内部的东西时，就会雕刻石头。

**米拉·洛克：** 藤森，您对您使用的元素也有这种感觉吗？

**藤森照信：** 仅就柱子而言，建筑中的柱子通常被切割成正方形。最近，我一直在使用圆形的原木柱，这些原木柱去掉了树枝。在奥地利维也纳南部，当我设计一座小型建筑时，我使用了那些原木柱。因为没有人见过这样的柱子，所以我有些担心，只使用了一些。我拉长了屋顶的屋檐，试着让柱子穿进去，然后我感觉这看起来并不是那么奇怪。作为下一个尝试，我思考了如何使

用带有单独分支的分叉木柱，并在小范围内尝试了这一点。这是相当不错的。最近在缇那亚（Taneya）[16]项目中，我也使用了圆形的原木柱，只是切断了树枝。这一点也不奇怪，现在我继续使用切断树枝的木柱。树枝连在一起也很好，但它们会碍事。这就是我对柱子的结论。

**米拉·洛克：** 在你们多样化的设计中，你们都力求使用在日本有着悠久传统的自然材料。您使用哪些方法以现代的方式表达设计？

**枡野俊明：** 因为庭园从一开始就使用自然材料，所以我尽量少地使用人造材料。然而，在当代建筑中，有时使用100%自然材料是不合适的。在这些情况下，我会融入一些具有当代感的材料。例如，我为加拿大大使馆设计庭园时有两种想法。我想设计一个传统的枯山水庭园，但建筑是由混凝土、玻璃和钢筋制成的，建筑体量非常大。我认为老式的苔藓和老旧的岩石是不合适的。很长一段时间以来，我一直在思考如何设计一个面向未来的枯山水日式庭园。最后，我采用的是当代建筑和花岗岩相结合的方式。在我设计那个庭园的时候，每个人都觉得日本的庭园已经过时了。那时候，没人注意日式庭园，相反，他们都把目光投向了西式景观。

**藤森照信：** 那时候您用的是古老的岩石吧？

**枡野俊明：** 是的，那些自然老化的岩石表面很好，但使用劈裂花岗岩给材料带来了独特的感觉。它与混凝土非常匹配，与玻璃和钢筋也很匹配。此外，在花岗岩的切割面上涂漆也非常合适。我认为这是可行的，当我告诉负责加拿大大使馆项目的清水建设公司[17]这是我想做的时，他说："绝对不行！边缘是悬臂式的，允许的重量仅为210千克/平方米，使用岩石是不可能的。"然后清水建设公司用轻质混凝土制作了一个岩石形状的模型，并打算使用。但是，我说我绝对不会使用它。然后他们问我是否有别的方法可以使岩石的重量变得更轻一些。我告诉和泉正敏[18]我想让那些岩石更轻，并征求

▲ 枡野为加拿大驻日本东京大使馆4楼的庭园创造了一个象征性的景观，以简朴而精巧的构图代表加拿大的山脉。

▲ 加拿大大使馆庭园中充满力量而鲜明的岩石似乎是从连接四楼接待室与外部庭园空间以及远处城市景观的石头地板中长出来的。

他的意见。他说："我们尽可能地削减这些岩石。"但是，考虑到日本游客只会观赏岩石，而外国游客可能会试图站在岩石上。我们决定将这些岩石削减到一般人无法在上面站立的程度，这样我们就能够减轻岩石的重量并满足建设的要求。那是一段非常艰难的时期，但在那之后，在处理人造地基时，我经常这样处理岩石。

**藤森照信：**花岗岩是一种易于使用的岩石，对吧？

**枡野俊明：**对于现代风格的建筑，花岗岩是最容易使用的。对于一个真正宁静的传统风格的庭园，京都周围山上的岩石，也称细石，是最柔和的。至于更艳丽的岩石，河岩是最好的。来自奈良县的吉野川等地的岩石也很棒，但现在却很难找到。

**藤森照信：**是吉野川的吗？

**枡野俊明：**是的，在第二次世界大战后快速发展的时期，这些岩石被用来建造水坝和桥梁。现在已经很难找到了，它们非常珍贵。数百年甚至数千年，河水的流动抚平了这些岩石，它们的外观非常漂亮。岩石之所以如此昂贵，是因为它们是由时间和自然的力量创造出来的。它们不是新生的。对于不了解这一点的人来说，使用它们是一种浪费。因此对于那些只想在庭园里放石头的人，我不会使用有价值的石头，我只把它们用于了解其价值的人。

**米拉·洛克：**自然材料传达了时间感。

**枡野俊明：**是的，你也有同样的感觉。

**米拉·洛克：**但你通常不会对玻璃或钢筋产生同样的时间感，是吗？

**藤森照信：**它是新的，制作的那一刻是它最美丽的时候。

**枡野俊明：**这是建筑和庭园之间的根本区别。庭园在建设完成后需要适应10年，甚至30年，至少需要10年。10年后，树木和植物适应了特定的地点。在国外工作时，当我完成了搜索材料，认为70%的工作已经完成了。寻找材料真的很难，尤其是寻找岩石。我在德国[19]柏林设计庭园时，市政厅提供了一名当地顾问。尽管顾问发来了照片并描述了大致情况，我告诉他我想要的岩石的大小、形状和外观，但一切都完全不同。我不知所措，去了日本大使馆，向总领事说明了情况。"无论我怎么解释，他们都无法理解。我完全不知所措。能不能给我介绍个有类似岩石的地方？"总领事咨询了德国外交部，然后他给我介绍到了地质研究所。许多专家见了我，并询问我想要的岩石类型。（笑声）"那不是重点"，我说。我跟他们进行了解释，他们终于明白了，"我们去看看"。他们说，"我们也不知道，但这很有趣"，并成立了调查组。"我们是往法国的方向走，还是往波兰的方向走？这有很大的不同。"如果他们说有很大的不同，那就意味着会有很大的风险。往法国的方向那边有很多石灰岩。靠近波兰边境有很多花岗岩，因此我选择往波兰走。我们很快就坐车出发了。看到路边好看的石头时，我会说："啊，这里的石头看起来可能有用。"然后他们总是说："你不能从这里拿岩石，这是一个自然保护区。"最后，他们带我去了一个农林渔业部管理的森林，他们告诉我："这是政府管理的森林，如果有适合的岩石，可以使用。因为岩石会妨碍森林的管理，所以你可以随意取走。"我在岩石上做了标记，后来当地林业机构的一名政府工作人员将它们运走了。它离波兰边境仅约30千米。确实，对于国外的项目，找材料是最难的部分。在日本，我一直在想着去哪里寻找某种类型的岩石，我可以或多或少地描绘它。如果我问在某个地方是否能找到某些东西，一旦我确认可以找到，我就会继续设计。

**藤森照信**：就我而言，虽然我越来越多地使用玻璃、混凝土和钢筋材料，但我把它们用在看不见的地方。在显眼的地方，如果需要使用玻璃的话，我倾向使用人工吹制的玻璃。基本上，我通过在看不见的地方使用科技，将它们隐藏在自然之中。在自然材料中，岩石是一个例外。木头的致命缺陷是脆弱、易腐烂。科技的结果就是钢、玻璃之类的材料非常坚固，它们是同质的。因为它们坚固且同质，因此它们也最便宜。自然材料是最昂贵的。比如泥土、植物和树木。在建筑中，如果我们使用这些材料，价格会变得难以置信，这些材料在我们周围就随处可见。但是，如果我们可以随处找到它们，那么它们就是免费的。我使用廉价且坚固的钢筋和混凝土作为主要结构，并用珍贵脆弱的泥土或植物覆盖它们。这就出现了一个非常有趣的巨大差异。对于来

▲　枡野俊明和他的当地团队在德国东部山区寻找景观岩石，以建造在柏林马察恩休闲公园的日式庭园。

自农村的人来说，大自然就在他们身边。因为他们周围只有这些东西，所以他们认为自然材料很便宜。对于从事制造业工作的城市居民来说，自然材料是最昂贵的。

**枡野俊明**：他们完全相反，对吗？

**藤森照信**：是的。然而，最近农村的人们也开始意识到，自然材料是昂贵的。

**米拉·洛克**：你们都和工匠一起工作，你们是如何开展这些合作的？

**藤森照信**：就我而言，基本上是为了完成工作。我直接向工匠们展示我想要的东西。在我展示自己想要的东西时，工匠们会感到惊讶："我从未见过建筑师这样做！"更有趣的是，当我向他们展示我希望如何完成它时，他们很快就明白了我的目标。他们回答说："为了让它真正符合你的喜好，最好再这样做一下。"我看到外行人的手工和工匠的手工是完全不同的。比如在墙上抹泥灰时，如果是我抹泥灰，我不能一次大面积覆盖，墙面会变得凌乱。因此，我一次只能抹一点，整个画面看起来有点不熟练。看到我抹泥灰的工匠说，"这就是抹泥灰的方法"，并迅速用泥灰覆盖该区域，留下

了我想要的抹子痕迹。当我看到工匠走到拐角时，他们的动作会变小，而在较大的区域，他们的动作会变大，我意识到工匠是了不起的。最终的结果是壮观的。接近边缘时，他们会变得小心，手的动作再次变小。这种变化对于外行来说是不可能的，只有受过训练的人才能做到。看到我对想要的东西进行建模，他们会提出更好的建议。我认为他们有自信和自豪感，日本的工匠真的很棒。如今，日本的工匠们准确地回应了我想要做的事情。不过，成本也上升了。（笑声）但这已经成为一种合作，让我能够做到这一点。就我而言，对于公共建筑，我会在预算范围内这样做。我把大块玻璃的预算拿出来，把这笔钱用于支付工匠的劳动。这样，在预算范围内工作也不是不可能的。

**枡野俊明：**就我而言，一个团队自然而然地走到了一起。三十多年来，同一群人一直在一起工作。对于种

▲ 枡野俊明与他的工匠和花匠团队合作，为石雕手水钵放置基石。

植和绿化，我与佐野东右卫门和他的儿子佐野新一合作；如果是塑造当代风格的岩石，我会与和泉正敏合作。和泉正敏把我介绍给东右卫门，说："如果你想做这样的事，我会介绍给你。跟我来吧。"在建造茶棚或茅草屋顶小屋时，我与来自京都的安井合作。安井是由历史学家中村正雄介绍给我的。和他们在一起，30年也过去了。而对于传统的石制艺术品，如石灯笼、手水钵等，我与京都北白川的西村金藏和大藏父子团队合作。

**藤森照信：**他们都是日本顶级的工匠，而且他们都是京都和关西地区的模范工匠。

**枡野俊明：**他们都习惯和我一起工作，当我说我想以某种方式完成某件事时，他们马上就明白了。他们问："像这样吗？"或者"像那里那样？"在不断与我核实的同时，工程取得了稳步进展。当我尝试摆放岩石，并说我想放在顶部的某一点，他们问是否应该把它向前倾斜一点。我们非常默契。他们明白我的想法，甚至知道我下一步要做什么。在我计划安排向下一块石头上放铁丝时，他们甚至在我开口之前就说"我们把它向前倾斜了一点"，而我所能做的就是说"谢谢"，这就是我们之间的关系。因此，他们理解我正在努力实现的空间创造方式。但如果是我和关东[20]人一起工作，因为他们没有独立处理岩石的经验，很多工匠做不到这些。他们的审美意识也有很大差异，导致我无法按照自己想象的方式来设计。另外关于树木维护，关东人从修剪前到修剪后，树形有非常明显的区别。除非他们能清楚地看到它变得多么美丽，否则他们似乎并不满意。然而，在京都园丁们习惯性地维护树木，以至于很难说他们在哪里修剪过。因此，他们似乎没有进行任何修剪。但他们说关东人修剪时做不到这点。即便我努力解释，他们还是做不到。他们不能百分之百地跟上我，因此我最好和同一群工匠一起工作。因此，当总承包商问我和谁一

起做这个项目时，我会说与特定的团队一起工作。我请承包商也聘请这个团队，他们照做了。在这方面，他们帮助了我。无论如何，我想留下好的庭园作品，作为传世的文化作品。我持续与我的合作者们合作，他们也都怀着同样的目标工作，我对此非常感激。

藤森照信：基本上在预算允许的情况下，我会选择合作过的工匠，包括来自秩父地区饭能市鹿内的铁匠川久保。对于彩色玻璃，我倾向于使用日本最古老的彩色玻璃公司——松本彩色玻璃工作室。挑选大理石时，我会把工作委托给日本历史最悠久的矢桥大理石公司。但是，如果他们家的大理石太贵，预算又不允许的话，我就不能同他们合作了。

**米拉·洛克：我们今天的讨论是从设计过程开始的。我的最后一个问题是，当完成一个项目时，结果和你预想的相同还是不同呢？**

藤森照信：两者都会发生。有时会跟我预想的不一样，有时又是一样的。但为什么有时会不同呢？每个项目都是用心完成的，但有的更好些，有的差些。我不知道为什么会这样。

**米拉·洛克：没有达到你的预想，效果会很差吗？或者有时尽管不同，效果也很好吗？**

藤森照信：当结果与我预想的有所不同时，有时我会对这种变化感到满意。我与项目的互动并不多，因此我的期望值很低，但出乎意料的是有好的部分。确实，在做项目的时候，有不为人知的地方。比如国外的项目，我只能去几次工地。因此，即使我看不到现场，施工仍在继续。我不能告诉他们如何解决问题，因为已进入了下一阶段。一旦完成，我不能说什么或要求他们修补，而且客户已经花了钱并且抱有期望。

**枡野俊明：你真的不能说什么，对吗？（笑声）**

藤森照信：当我想要对某事表现得特别满意时，我必须查看所有细节，否则可能会出现奇怪的事情。

**枡野俊明：建筑是有生命的东西，你必须一直跟进直到最后完工。**

藤森照信：确实回不去了。当它进入下一个阶段时，如果出了问题，在国外施工现场的人们都在尽力去解决这个问题。但结果和我的想法有点不一样。如果有机会去施工现场讨论这一微小的差异，那就好了，但是一旦完工，就不便再谈论了。当无法容忍时，我会要求他们纠正，但也不能经常这样做。然而，有些微妙的地方，在完成之前你是无法知道的。当然，有时完成得比我预想得要好。这真的很难把握。对外行人来说，这可能类似于烹饪，虽然只是一件小事，但它决定了味道。

**枡野俊明：要加多少盐，不仅仅是多少克，是吧？这几乎是难以察觉的。**

藤森照信：我觉得有时这真的很让人烦恼。

**枡野俊明：其实，我最近也有同样的经历。这是为国外一处私人住宅用一排石头砌成的挡土墙。最重要**

◀　藤森照信、枡野俊明和米拉·洛克参观了横滨建功寺即将完工的新主殿的施工现场，枡野担任该寺住持。

的部分由日本团队完成，其他区域的建设则由该国本土工匠完成。我告诉他们建造的方法，他们也尽了一切努力去做。他们发来了照片，展示当前的状态，我想"嗯……如何纠正呢？这很难用言语来解释。如果我去那里，我可以做到，但我不能为了追求一个小细节而去。我该怎么办？"最后我放弃了，决定在那个位置种植一些植物。但我真的不能对客户说什么，因为这真的是一件很小很微妙的事情，对吧？就像当我想让一些东西稍微倾斜，或者我想在一个区域得到更多的阴影。正是这些微妙的细节，尤其是看到外国工人如此努力的时候，我采取了中立立场。

**藤森照信:**我绝对认为"完全水平"和"完全笔直"在客观上是有问题的。如果把尺子放在一个平面上，就会明白。但是，当我要求轻微地偏转或轻微地不匀齐时，没有什么好方法可以做到，因为这确实是一种直觉。

**枡野俊明:**然而，外观和表达上就会发生很大的变化。

**藤森照信:**这就是为什么它如此令人烦恼的原因。

**枡野俊明:**相反，这也是建筑工地如此有趣的原因。我在建筑工地时，可以随心所欲地对树木、植物和其他东西做任何事情。这就是为什么它很有趣。就庭园而言，这比使用施工图和草图要好。它对表达物质性和诸如此类的事情有很大帮助。例如，对于陶瓷，对于相同的物体，在烧制过程中可能偶尔会出现不同的色彩变化，其特质基于火焰和温度的不同而发生变化。我该如何表达？能说它创造了一种特征或性状吗？树木、岩

▲ 枡野俊明在建功寺指出旧的景观元素与在建的园林设计之间的关系。

石，所有事物都具有相同的特质。这些类型的材料确实有助于设计并使其变得更好。这真的很有趣，这些都发生在建筑工地。

**米拉·洛克:建功寺的建筑工地[21]就在附近吗？**

**枡野俊明:**是的，从今天早上七点半，到客人们来参加法事，我都在建功寺的工地，穿着我这双分趾鞋工作。

# 第三部分
# 公共和私人空间

"日本的景观充满了多样性，无论我们看哪里，都能看到构成国家景观的山脉、河流、森林、湖泊、海洋和其他。日本的特点是大自然的多样性，日本建筑和园林的历史与自然环境有着密切的联系。日本的建筑和园林的发展，并非通过大量使用宽阔平坦的空间，而是通过规划，有效利用有限的空间和不规则处建筑的朝向、定位和设计方式，从而加深与自然环境的联系，为建筑内部提供美丽的风景。诸如此类的因素，可能是以前日本建筑没有对称设计的原因。日本园林设计的原则也是一样的：园林是利用周围的风景和地理特征，调整设计以适应周围环境而形成的。"[1]

日本景观和自然的"不规则"和"美景"是影响和推动枡野俊明园林设计的主要因素。然而，受茶室、石雕和家具等元素的影响更大，因为它们也启发并影响了枡野俊明的建筑、室内空间和元素的设计。枡野与日本的自然环境有着深厚的关系，并对其有着深刻的理解，这缘于他在由森林环绕的建功寺长大，以及他在景观设计和园艺学方面的学习经历。作为禅僧的训练也强烈地影响了他对自然的理解，因为佛家认为人类是自然的一部分，而不是与自然分离的，人类与其他生物都是平等的。这种人与自然之间的本质联系是枡野设计工作的核心。

对于非住宅项目，枡野思考如何通过自然界变化的表达来更好地将客户与设计联系起来。"关于庭园，我的设计理念是不断变化的才是美丽的，因此短暂的也是美丽的。花之所以美丽，是因为花瓣从盛开的花朵中飘落下来。树木也会枯萎。永不停止的变化才是大美。"[2]枡野创建庭园和景观，通过随着季节变化而变化的树木和植物来表达短暂之美。然而，在室内空间中不可能总是采用活的植物，因此枡野必须利用其他方法来表达"不断变化的自然之美"。为此，他尽可能地加入自然元素，并努力展现出每种元素和材料的特点。例如，在中国深圳的圆缘庭内部石雕中，枡野选择了色彩美丽的花岗岩，他保留了石材的大部分粗糙感，但对特定部分进行了切割和抛光，以强调自然美和变化。虽然石头本身不会改变，但它的外观会随着一天中光线的变化而变化，从而呈现出"不断变化的自然之美"。

对枡野而言，建造空间并让人们与转瞬即逝的自然之美发生联系，这与他的"空间陶冶人"[3]的理念有关。他认为，刚性和缺乏灵活性的空间常常让人觉得需正襟危坐，这样可能会很累，造成紧张，而杂乱和无规则的庭园会让人产生相似的感受。然而，一个舒适的庭园空间能让观赏者彻底从容地融入其中，也会陶冶出温柔善良的人。这是"基于感觉而不是形式"[4]，因此，枡野的设计不是专注于空间或事物的形式，而是唤起一种轻松的感觉，以及与大自然短暂之美的紧密联系。

# 坐月，清风苑，坐月庭
## ZAGETSU，SEIFUEN，ZAGETSUTEI

日本横滨，2012

与日本的许多火车站一样，鹤见车站不仅仅是一个交通枢纽。该站于1872年开通，是日本第一条火车线路——东京和横滨之间客运列车的停靠站。原来只是服务铁路，现在的车站大楼（CIAL）包括6层楼，设有各种餐厅和商店。

枡野俊明参与了鹤见车站CIAL大楼整体概念设计的工作，主要涉及整个建筑上层的空间。他在屋顶上创建了两个庭园，一个是传统风格，一个是现代风格。他为禅意咖啡馆"坐月咖啡"做了室内设计，还为车站5楼和6楼的公共空间设计了各种元素。这些元素位于走廊的流动空间，靠近自动扶梯和电梯，一直从5楼的咖啡馆连接到屋顶庭园。

禅意咖啡馆"坐月咖啡"是第5层的主要特色。咖啡馆的一角打着背光灯，竹子和玻璃的现代组合，薄而柔软的木条弯曲着，将两种材质分隔开，吸引顾客进入咖啡馆。沿路走去，顾客可以看到两块堆叠的粗糙花岗岩，那是入口的标志。第二块花岗岩的顶端被抛光，做成接待台，引导客人们进入屋内，一旁简单的木制置物架用于展示茶包和茶具。

顾客从接待处右转进入用餐区。在45度角的方位上设有特色茶室，餐厅座位沿周边排列。枡野俊明设计了名为"坐月庵"的茶室，作为传统的四席半茶道空间。榻榻米坐垫用稻草填充，表面是编织的草席，摆放在茶室的地板上。茶室高出餐厅地板约半米，并有一个木制的缘侧，像是狭窄的阳台或者甲板，面向用餐区的两侧。

▲ 坐月咖啡馆的平面图显示了靠近右上角的入口和四席半榻榻米茶道空间及其底部壁龛和相邻的小坪庭设计。

茶室的内部设有装饰壁龛，壁龛上挂着由枡野俊明书写的书法卷轴，因此并不像传统茶室那样封闭。壁龛的深色木柱（日文称床柱）十分醒目，将壁龛与相邻的低窗隔开。地面开口露出一个小坪庭，这是一个以测量单位"坪"命名的庭园，一坪等于两个榻榻米地垫（1.8米×1.8米），坐在榻榻米上可以看到它。庭园里有几根竹子和一块粗糙的花岗岩，镶嵌在砾石层中，增添了生趣，也与花岗岩接待台和入口岩石呼应。

在5楼咖啡厅的拐角处，电梯附近的壁龛底部有一块长长的花岗岩。在长凳状的岩石后面，中央的白色墙壁上挂着一幅书法卷轴，两侧墙壁上覆盖着用日本漆处理过的瓦西纸，也被称为漆和纸。在手工纸上使用漆不仅可以创造出美丽的表面，还可以增强纸张的韧性和防水性。通常在木质底座刷上多层漆，用于制作日本著名的漆器。

▶ 巨大的花岗岩雕塑指示出禅意咖啡馆"坐月咖啡"的入口。木制展示架将访客吸引到中央接待柜台，接待台同样由粗糙的花岗岩砌块建造。

▼ 一块大石头是通往日式茶道空间的台阶。像阳台或木甲板一样的木制边缘提供了额外的座位。

▲ 在传统的壁龛上添加当代元素，枡野俊明雕刻了一大块花岗岩，以适应凹陷的空间。红褐色的手工漆瓦西，涂有天然漆的纸覆盖在两侧墙壁上，中央的白色墙壁上挂着一幅书法卷轴。

▲ 在6楼的自动扶梯顶部，一块雕刻的花岗岩上盛满鲜花，4块巨大的花岗岩石板镶嵌在地面上，迎接游客的参观。

▼ 另一个壁龛装有一块醒目的花岗岩，将壁龛的概念延伸得更多。在白色的墙壁之间，一条绿色的苔藓引人注目，并与庭园主题呼应。

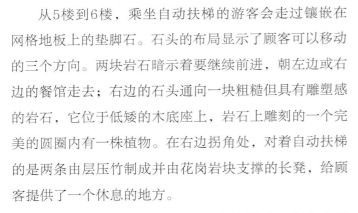

从5楼到6楼，乘坐自动扶梯的游客会走过镶嵌在网格地板上的垫脚石。石头的布局显示了顾客可以移动的三个方向。两块岩石暗示着要继续前进，朝左边或右边的餐馆走去；右边的石头通向一块粗糙但具有雕塑感的岩石，它位于低矮的木底座上，岩石上雕刻的一个完美的圆圈内有一株植物。在右边拐角处，对着自动扶梯的是两条由层压竹制成并由花岗岩块支撑的长凳，给顾客提供了一个休息的地方。

6楼的电梯厅是枡野俊明设计的最后一个室内元素。同样，一大块花岗岩填满了壁龛的底部，白色的漆纸覆盖了壁龛的侧壁，一条垂直的鲜绿色苔藓出人意料地沿着后墙的中央部分向下延伸。这是个惊喜，庭园般的休息场所与现代文明的强烈对比，让人不禁猜测屋顶上方的样子。

▲ 在自动扶梯旁，枡野使用天然材料设计了两条长凳。粗糙的花岗岩石块支撑着工艺精良的长竹板，像雕塑一般。

▶ 在其中一个长竹凳的末端，枡野在起支撑作用的花岗岩顶部雕刻的圆形开口内放置了一株植物，这是庭园主题的另一个标志。

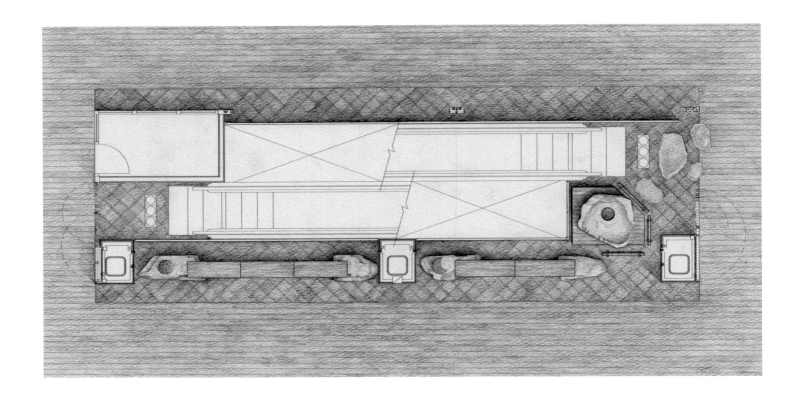

▲　枡野俊明将6楼自动扶梯周围的公共
区域设计成庭园空间。平面图显示了花
岗岩长竹凳的位置以及岩石的布置。

▶　在6楼的自动扶梯旁，表面粗糙的曲
面花岗岩雕塑切割出一个完美的圆形，
一组鲜花置于圆形开口中间。

▲ 车站大楼的屋顶是一个柔和的圆顶，孩子们可以在此玩耍的和感受微风，故名清风苑。

枡野俊明将屋顶上的平坦空间改造成了两个截然不同的庭园。两者中较大的一个拥有相当大的开放空间，可用于运动和静坐沉思。它还具有儿童游乐区、活动空间和紧急避难场所等附加功能。庭园概念来自屋顶的独特月亮景色，以及清爽的微风。枡野俊明将庭院命名为"清风苑"，字面意思即"清风庭园"，指的是禅宗短语中的"月白风清"，表达月亮的洁白和风的清爽，意思是要有一个清醒的头脑，在日常生活中才能看到真理，就像被风吹过的月亮一样洁白。

一块巨大的中央扁平的岩石镶嵌在地面上，被设计成沙子波纹的形象，就像庭园中的一块景观岩石，但完全平坦，与地面齐平。一块木甲板在庭园的内缘蜿蜒，靠近中央岩石，又通向岩石排列中一块6米长的花岗岩块。

▲ 将平坦的表面与丘陵和岩石结合在一起的清风苑，可以为游客提供散步和放松的地方。边缘的绿色植物遮挡住了附近的建筑。

与清风苑相隔的是第二个庭园——较小的坐月庭，为观赏式庭园风格，旨在让游客安静地观看而不走动。坐月庭和"坐月咖啡"名字同源。禅宗短语的"坐水月道场"，字面意思即坐在佛道上冥想，月亮映在水面上。这一表达有看到世界的真谛，如现于眼前，内心毫无挂碍之深意。在坐月庭，枡野俊明以传统风格进行设计，没有使用植物元素，这是他的第一个完全意义的枯山水庭园。为了仅使用岩石和砾石来映射自然，并以最传统的风格表达禅庭的重要精神，枡野俊明必须将庭园打造成完美的设计，因为任何错误都会非常明显并导致精神的丧失。

车站工作人员每天精心打理的白色砾石在坐月庭粗糙的景观岩石周围呈水波纹状散开。周边的板条围栏在庭园和城市之间，以及庭园和天空之间围绕出柔和的边缘。穿过繁忙的车站大楼通往屋顶，枡野俊明用砾石、景观岩石和蓝天打造的庭园，可供游客静坐、小憩。在忙碌的日常生活中，坐月庭是一个可以感受清风、寻找内心平静和倾听内心答案的地方。

▼　受历史悠久的京都龙安寺和大德寺等枯山水庭园的简洁和精美的启发，枡野俊明将坐月庭设计为由景观岩石和砾石构成的精妙艺术组合。

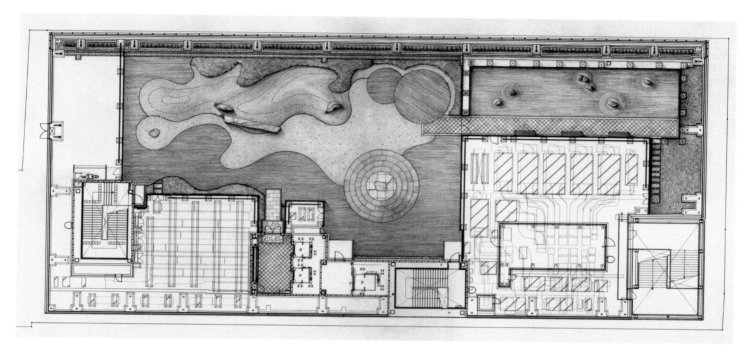

▲ 上图是屋顶两个庭园的平面图，左边是较大的清风苑，右上角是枯山水风格的坐月庭，简单的石砌步道将两个截然不同的庭园连接在一起。

▲ 白砾石被均匀耙在景观岩石周围，随着太阳移动，砾石耙痕产生的阴影会发生变化，为庭园增添了变化无常的意味。

## 设计原则

### 重见

根据枡野俊明的说法，重新看待事物或以新鲜的眼光看待事物，"可以培养丰富的想象力"。[1] 在日式庭园中，最常见的例子是使用旧磨石作为踏脚石路上的石头。虽然这块石头已经过时，但它作为踏脚石被赋予了新的生命，而踏脚石中旧磨石的景象使观众以全新的眼光来看待磨石和庭园。

# 曹源一滴水
## SOGEN NO ITTEKISUI

中国深圳，2014

禅宗短语"曹源一滴水"指的是一滴水汇成一条河流。正如枡野俊明为中国深圳的这个家族墓园和庭园小径选择的名字一样，表达的是对散布在世界各地的家族成员繁荣发展的祝愿。这个墓园为家族成员提供了聚集在一起的地方，就像一滴水汇成一条河流。

该墓园位于陡峭的山坡上，俯瞰中国南海，可欣赏大海和山坡上的景色。墓园位于山丘中间，包含两个功能区。第一个功能区是一条小径，静谧的人行步道沿着绿色植物通向墓地。庭园小径为人们提供片刻安宁，供个人沉思和反省。第二个功能区是墓地本身，提供了一个家族聚集和怀念祖辈的地方。

▼ 顺着西北方向的石阶（场地平面图右上角）往下走进庭园，石阶与庭园小径相连。庭园小径是一条供人们追思的步道，通往被弧形石墙围起来的墓地。

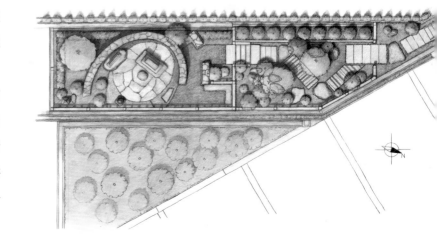

▶ 庭园小径上的一系列门槛可以让游客放慢脚步，抛开日常生活中的烦恼，好好欣赏这个美丽而有意义的地方。

从高处沿着石阶逐级而下。在石阶的顶部，可以看到庭园小径的起点，但小径很快就消失在郁郁葱葱的植物中。站在小路上从修剪过的树篱和开花的树木中望向远方，视线从墓园延伸到海天交汇处的地平线。沿着地平线可以看到陆地柔和的轮廓，将蜿蜒漫长、超凡脱俗的景色定格。

走下台阶是一块由矩形石铺就的平地，平地穿过石栅栏上的开口，延伸到庭园小径的主要区域。石铺的平地虽与墓区在同一轴线上，但是由于旁边和后面有树木，前面是低矮的花丛，石块堆积其间，遮挡了视野。一排高大纤细的树木同样遮挡了山坡上的景色，而顺着路边树木的空隙可以看到大海。

◀ 椭圆形的石台为祭拜和内省创造了空间，家族的墓碑位于一端。在它的前面，一块圆形石头位于椭圆形石台的中心，顶部抛光成平面，方便摆放供品。

　　枡野设计了一条蜿蜒的小径穿过墓园，而非直接通
向墓园。他使用日本的景观石和铺路石，以及深圳当地
的树木和植物。小径与矩形石铺平面成45度角，一条
狭窄的草带将小径分隔成两部分。草带与周围的自然环
境呼应，又像门槛，小径从统一的材料变为具有条纹
图案的材料。一系列花岗岩石条通向一块放置在地上
的景观石，它的表面略显粗糙，呈褐色，与两侧的条
纹石径形成鲜明对比。细小的草带将路径隔成两段，
这块花岗岩景观石可以让人驻足沉思片刻，再决定改
变方向还是继续前行。

▼　在通向祭拜空间的地方，庭园小径在高大的
弧形雕塑石墙前戛然而止。石墙挡住了另一边祭
拜空间的视线，让访客在继续前进之前转过身来
欣赏风景。

▲　厚厚的花岗岩石墙环绕着山坡上的祭拜空
间，给人一种密闭和私密的感觉，开口处面向
远处的大海。

▲ 围绕着祭拜空间，由不同色彩、肌理、形状和大小的庵治石花岗岩筑造的弧形围墙高出地面2米以上。

　　第二段条纹石路的一端通向庭园小径，周围环绕的绿植最多。从路径的角度，视线转向山坡和那一侧包围场地的一排高大的细树。而在相反一侧，灌木丛被修剪成紧密的球形，中等高度的多叶树木以及带有拱形树冠的高大乔木遮挡住海洋的景色，并给人一种封闭的感觉。纹理粗糙的景观岩石被设置在绿色植物中，与单个石灯笼形成鲜明对比。枡野俊明从日本带来的风化石灯笼成为视觉焦点，也是对人类手工印记的提醒。

　　第二段条纹石路的尽头是一块褐色景观岩石，岩石连接着几步之遥的墓地和祭拜空间。从镶嵌在郁郁葱葱的绿草中的石头广场出发，访客登上由5块石板组成的楼梯，从庭园小径到达墓地和祭拜空间。路面材质变为砾石，过渡清晰。来自日本四国岛的庵治石花岗岩被随机堆砌成低墙，砾石路穿过低墙的开口。再向前，视线被另一道庵治石墙的最高部分遮挡，这堵墙从高到低，围绕着墓地逐渐弯曲。

　　砾石路向左从山坡拐向大海，视野变得开阔。向前几步，一道石栅栏沿场地的边缘向左环绕，用石凳围成一小块区域。L形长凳面朝大海和祭拜的地方，提供了一个供人们休息、思考和欣赏风景的地方。

　　灰色砾石通向厚厚的弯曲花岗岩石墙的内缘，此时墓碑和祭拜空间完全映入眼帘。围墙中庵治石的随机图案变成了开放式弧形空间的背景。在这个空间内，一个与地面齐平的椭圆形石组标志着祭拜的空间。弯曲的草带将椭圆形石组与围墙隔开，一块镶嵌在草地上的矩形石将砾石区域与椭圆形石组区域连接起来。

▲ 在标记祭拜空间的椭圆形石台外面，一个抛光的花岗岩球体反射阳光，与附近的绿色植物一起，让访客重新感知外部空间。

▲ 小径中不同类型的石头在庭园郁郁葱葱的绿叶中清晰可见。

该家族的墓碑位于椭圆形石组的一端，朝向周围墙壁的高处。墙壁与矩形场地成一定角度，呼应着与大海的联系。椭圆形的另一端是一块顶部平坦的庵治石巨石，与墓碑形成对比。在一侧，一个说明性的标记朝向祭拜空间的入口处。弯弯曲曲的庵治石墙向下延伸到

标记物后面的草地上，草地上点缀着修剪成球形的灌木丛。一个低矮的石灯笼位于两个球形灌木丛之间，占据了场地的最外边一角。在空间的开放处，粗糙的岩石中出现了一个抛光的黑色花岗岩球体，为一路走来的人们提供了一个回忆点，也预示着一滴水和整个大地的关系。

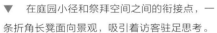

▼ 在庭园小径和祭拜空间之间的衔接点，一条折角长凳面向景观，吸引着访客驻足思考。

▲ 弯曲的花岗岩石墙像一道风景，在家族墓碑和供奉石的后面向下延伸，划分出庭园中最神圣和私密的空间。

## 设计原则

### 隐与见

在庭园中创造惊喜或难忘的元素，隐与见的概念也许会非常有效。在洄游式庭园中尤其如此，庭园由访客在庭园中移动的一系列场景组成。设计师可以将特定的物体或庭园元素作为特色，然后将游客的注意力转移到完全不同的区域，然后再次展示该物体或元素，从而激发想象力和发现新事物的能力。

▼ 在整个墓地，曹源一滴水墓园被小径和专为祭拜悼念而设计的空间分隔开来。

# 缘隋庭

ENZUITEI

中国上海，2014

▶ 缘隋庭的平面图，展示出设计的简洁性。简单的树篱围绕景观石的小庭园，由沙耙梳理过的砾石区将庭园与远处的树木分隔开。

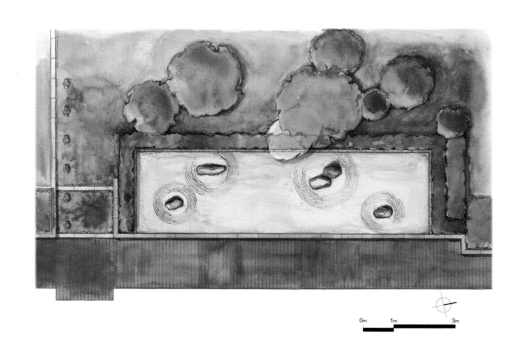

0m　1m　3m

▶ 由沙耙梳理过的砾石围绕着景观石，就像水流入大海途中经过岛屿泛起的波纹。

◀ 位于上海市中心的一幢人来人往的高层建筑大堂窗外，静谧的庭园吸引着路人，提供片刻的休息之所，让人们停下来欣赏它的简素之美。

在上海环球金融中心的柏悦酒店大堂一侧，一个安静的庭园不时地吸引着路人驻足思考。在大堂里，初看庭园似乎很遥远，但仔细观察却似乎更接近观赏者。初看庭园觉得很简单，但仔细观察后，会发现庭园的细节和构图更能激发人们的想象力，更吸引观者。

缘隋庭于2014年底建成，当时恰好枡野俊明在上海做讲座。缘隋庭遵循了枯山水的形式和传统风格，即无池无水的庭园，这是一种结合岩石排列和砾石层的庭园类型，以代表山地、岛屿和水。虽然早期日本园林模仿了中国园林，但几个世纪以来，日本园林发展出了自己的特色。枯山水风格与日本禅宗一起发展，作为冥想和禅修的辅助手段。枯山水是独特的日式风格，枡野希望通过缘隋庭的设计，为上海市民提供体验真实的日本文化之场地。

枡野为这座庭园取名"缘隋庭"（Enzuitei），以反映这种与真实文化相遇的体验。名字中的"En"，可理解为偶然相遇时产生的独特联系或亲和力。该名字中还包括汉字"隋"，代表中国隋朝（581—618）。隋朝结束了自西晋末年以来近300年的分裂局面，完成统一。隋朝也是中国与日本紧密联系的时期，彼时佛教从中国通过朝鲜半岛传入日本。缘隋庭中的"tei"是庭园的意思，因此缘隋庭这个名字暗示了中日两国的友好关系。

作为典型的枯山水庭园，缘隋庭只能从外部欣赏，也就是从环球金融中心大堂欣赏。因为这里没有通往或穿过庭园的路，也无法接近或进入庭园。因此，观赏者与庭园的互动是从远处进行的，对空间的缓慢思考会吸引有心的观赏者。枡野对该庭园的设计，无论从哪个角度观察都是一个完整的构图，在大堂窗外可以看到不同的风景。

庭园的外缘高度比地面高出约1米，因此观赏者视线的高度与庭园高度的关系和欣赏传统庭园没有太大区别。在传统庭园中，观赏者通常会坐在缘侧的内部或外部观赏庭园。庭园的前缘是一面低矮的直墙，外立面是浅灰色的石头，表面是抛光的深色花岗岩薄板。抛光的花岗岩帽沿着庭园的周边延伸，勾勒出庭园与周边环境的边界。边缘之外是低矮的树篱，从三个侧面围住了缘隋庭，同时可以看到后面树木。

在缘隋庭简单的方形结构内，枡野只使用了两种材料：大块粗糙岩石和小块灰色砾石。他选择了五块岩

▲ 只有景观岩石和砾石，枡野俊明精心挑选并放置了庭园的每个元素。在这种布局下，高低岩石的组合平衡而又协调。

石，参考了地、水、火、风、空这五种元素。这五种元素在日本佛教中被称为五轮，代表了宇宙中的一切，包括有形坚实的"地"、无形流动的"水"、动感活力的"火"、自由流动的"风"以及澄净明澈的"空"。五者圆融一体，解释了宇宙万物。

正如五轮代表宇宙万物的本质，枯山水庭园本身也代表着宇宙。通过去除一切无关的东西，保留必不可少的元素，枡野设计了缘隋庭，意在于有限的空间内给人一种如宇宙般无限的体验。

一对岩石坐落在庭园中心，一高一矮，矮石起支撑和平衡作用。五块岩石被放置在沙耙梳理过的砾石中。为了营造出无限的空间感来吸引观众，枡野对岩石之间的距离和落差进行了认真的考量。岩石在日本园林设计中扮演着非常重要的角色，被认为具有特殊的象征意义，几乎是独特的标签。日本园林设计师和建造者在置石方面有着丰富的经验，枡野就是一个很好的例证。他们会"询问"岩石想要如何放置并"倾听"它的反应。位置上的微小变化会使人们对岩石的感知发生显著变化，因此岩石的位置和方向对庭园的建造至关重要，尤其是在像缘隋庭这样比较简单的设计中。

砾石围绕着岩石，一直延伸到抛光的花岗岩边缘，象征着水在岩石之间自由流动。初看起来，砾石区域一片平坦，但仔细观察，砾石在岩石边倾斜的地方微微隆起。这些由沙耙梳理过的痕迹既强调了岩石的重要性，也赋予了庭园动感和质感。

设计虽然简单，却有复杂的深意。在繁华的地段和繁忙的时段中，缘隋庭是片刻宁静的所在。夜幕降临之时，庭园会被巧妙设计的灯光点亮，因此无论白天还是夜晚，路人都可以驻足静静地欣赏它。有时大堂区域会被用来举办各种活动，缘隋庭提供了一个安静的背景，与自然、日本文化和宇宙有着密切的联系。

▲ 换一个角度来看，从边缘墙到砾石"海洋"和岩石"岛屿"，再到后面的树篱和树木，不同元素营造出的丰富层次给人一种空间向外延伸的印象。

## 设计原则

### 简素

　　简素是久松真一在《禅与艺术》(1971)中确定的禅宗美学的七大特征之一，是指去除任何无关紧要的东西。这与克制的概念和抑制冲动，以获得尊严感密切相关。日式园林中的简素，意味着在材料的使用乃至整体设计中都要追求诚实和真实。

▲ 每块景观石都展示出独有的特征，形状、纹理和颜色各不相同。

# 圆缘庭
## EN TO EN NO NIWA

中国深圳，2018

▶ 中国深圳的圆缘庭，为室内带来强烈的自然感，地面上覆盖着条状石材与青苔，粗糙的岩石雕刻与抛光花岗岩墙形成鲜明对比，墙壁上雕刻来自枡野俊明的书法作品。

▼ 腾讯公司委托枡野俊明设计其新总部行政楼层的所有公共空间。如平面图所示，圆缘庭约占公共空间总面积的一半。

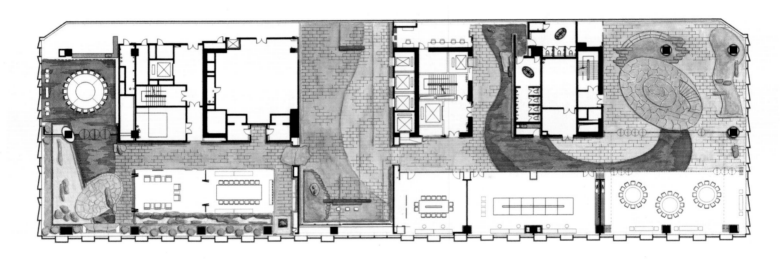

　　圆缘庭位于一座50层建筑的第48层，其位置在日式庭园中显得不同寻常。该项目是为总部位于中国深圳的IT企业集团腾讯公司设计的，包括室内庭院和整个新建大楼行政层公共空间的室内设计。

　　深圳南接香港，东、西临南海，地处广东省内的战略要地。1979年深圳正式设市，1980年成为中国"经济特区"中的第一个。此后，深圳市人口从几十万增加到约1300万（截至2018年），这个充满活力的城市成为中国经济高速增长的标志。与深圳一样，腾讯公司在很大程度上也是一个中国经济成功的代表。

　　腾讯创立于1998年，早期有5个合作伙伴，从最初提供即时通信软件发展到其他在线服务，如音乐、游戏和购物。现在，腾讯在全球拥有众多子公司和广泛的投资，已成为全球IT巨头。腾讯公司的新总部大楼——腾讯滨海大厦，是公司强大实力的有力象征。该建筑由两座高层塔楼组成，一座50层，另一座41层，由3座水平天桥连接。大厦于2017年在深圳落成时，恰逢公司即将成立20周年。公司的五位创始人对日本文化和禅宗有着浓厚的兴趣，于是委托枡野负责塔楼第48层行政层的室内设计。

为了创造多元的庭园空间并将它们和谐组合在一起，枡野使用了石头、青苔、竹子和水的元素组合来为此当代日式庭园进行设计。

　　枡野俊明将其设计直译为"圆形连接庭园"，并以"圆缘庭"命名，以此反映人与社会的关系向人与社会、自然之间永恒关系转化的需求。这种关系不仅可以画为一个"圆圈"，或用"円"表示，且可在3个建筑主体之间产生联系，称之为"缘"。枡野俊明以佛教思想"大圆镜智"为基础，即洞悉一切事物真理的智慧。作为佛教四智之一，"大圆镜智"包含觉悟的智慧，以一面圆镜为本体，映射一切事物的本质。

　　枡野将自然理念引入公司总部，认为可以从创造人、社会与自然之间的永恒关系入手，基于"光"与"影"的当代极简设计，体现佛教"大圆镜智"的智慧。总之，枡野俊明旨在创造一个让公司高管可以清醒的头脑和精神（"内心"）做出决策的空间，从而使公司得以发展并为社会做出贡献。

　　该设计包括三个主要区域：中央电梯厅及接待区、西庭及宾客区，以及直通公司高管人员专用电梯的东庭。统一的建筑材料和风格将三个区域相连，而每个空间都有其独特的设计风格及特点。

　　从48层电梯走出来，宾客步入一个3层楼高的宽阔空间。在右侧，也就是电梯厅北侧，一块船形石雕位于落地窗附近。该石雕兼具观赏性与长凳的功能，一部分采用抛光，一部分凿刻而成，是枡野专门为该项目设计的众多雕塑作品之一。在大堂南侧有一个接待台，是枡野的第二件石雕作品，坐落在一面高大植被墙与一面石墙之间。同为船形石雕，带有类似长凳造型的弯曲底座，接待台呈现抛光表面与凹凸边缘相结合的风格。

　　接待台旁雕塑两侧的墙壁呈流水造型。植被墙由深绿色树叶构成，线条起伏，浅绿及红色树叶点缀其间。对面角落15米高的石墙由石板拼成马赛克风格，每块石板长90厘米，宽45厘米。石板由优质日本花岗岩制

▲ 位于高层建筑的第48层，这对于日式庭园来说并不常见，枡野俊明努力将强烈的自然感融入每一处设计细节。

◀ 在高大宽敞的大堂里，一个抛光的石制接待台用来迎接访客。为应对宽敞的空间，枡野选用不同的材料和质感来装饰每面墙。

成，具有五种不同饰面。有些浑然天成，有些表面有裂痕的是经凿子切割、锤打或抛光而成。植被墙对面的墙上是枡野俊明的书法作品，被雕刻在光滑的石壁上。这是一件旨在反映腾讯非凡历史和充满希望的艺术作品。

在角墙底部，青苔成为另一个石雕作品的平台，两块高大的柱状花岗岩石被置于青苔基座的岩石顶部，花岗岩部分采用抛光工艺，部分保留糙面。青苔基座边缘，光滑的地面上突然"长出"的铺路石板，共同形成了一个粗糙纹理的三维边缘，用来支撑青苔基座。该接待空间整体给人一种动感和力量感。

走廊通往该楼层西侧的会客空间，从走廊透过玻璃幕墙会议室，可以看到室外边缘处景观石中间穿插的竹园。纤细的竹茎、坚硬的山形景观石与远处的高层建筑形成鲜明对比。会议室外边缘一直延伸至该楼层西侧，在那里成为一个梯形反射池的背景，池中设置有粗糙的山形景观石。一个分层的椭圆形天然石头平台位于水池与房屋内部空间之中，一大一小两块景观岩石互相搭配，被放置于椭圆形平台之上，占据平台的一部分。木地板呈一定的倾斜角度，从椭圆形平台通向私人

宴会厅。

在楼层东侧，行政电梯通向小电梯厅，电梯对面的墙壁及北面的窗前各有一个石雕作品。这两个作品，枡野均采用天然粗糙的麻点锤纹漆饰面与光滑的抛光饰面相组合的形式，以赋予空间动感与变化。视线从雕塑转移，下方的木地板绕过拐角，途径几间会议室，一直延伸至最东边区域。

木地板向东蜿蜒，一直延伸到一个大型的开放空间。空间中有几个显著的元素：中央区域是光滑的石头地板，反射出顶部圆柱体光源的光，螺旋状楼梯穿过圆柱体内的三层空间。远端，一块柱状的粗糙岩石沿着东墙高高矗立在窗前。正面垂直雕刻的凹槽增加了高度感，基石表面分裂成两半，与凹槽完美衔接。东墙附近，雕塑北侧，一个青苔基座"漂浮"在抛光的石头地板上，环绕着宽的圆柱体。大型粗糙景观石和抛光石块被固定在青苔基座上，为宾客提供了休息场所。踏脚石"穿过"青苔基座通向窗墙旁的开阔区域，在那里另一块长凳状石块凸显了青苔基座的水平度。

在中央光柱下方，抛光的石地板呈椭圆形，高出一

▶ 从会议室的落地窗看去，周边铺满碎石的种植盆中，一排景观石前的竹幕营造出柔和的自然景象。

◀ 在东庭的浅反射池一角，一块粗糙加工的碗状石雕在另一块景观石上。

▲ 椭圆形平台的抛光表面部分插入反射池，反射出上方凹陷形天花板的光线，将观赏者的注意力集中在景观石上。

个台阶，与上方环绕的螺旋式楼梯组成坚固的建筑结构。一个较小的椭圆形平台位于螺旋式楼梯下方，与长凳同高，平台表面嵌入了一大块粗糙岩石，青苔床位于椭圆形小平台上，面朝北方。这个苔床围绕另一个宽圆柱上升，与较大椭圆形平台边缘相接。景观石层层叠叠，像一连串连绵起伏的山脉，拔地而起，一直延伸到平台和青苔床。在土丘和山形岩石后面，一条呈弯曲支

架状的抛光石凳被设置在粗糙的岩石墙内。石凳提供了一个安静隐蔽的场所，在此可以体验枡野设计的室内庭园的自然之美。公司的创始人坐在半圆形长凳上，向北眺望深圳市林立的高楼，可以静静地思考人、社会与自然之间的循环关系。

▲ 枡野俊明标志性的人形岩石雕塑，利用岩石不受时间影响的属性，表达一种静谧的力量和永恒之美。

▲ 灰色花岗岩边缘留下的深深的钻印，是在采石过程中产生的，这使得雕塑看起来自然而又不失人工的痕迹。

▶ 将抛光部分与麻点区域、裂纹表面相结合，枡野的雕塑表现了石材的天然特征。

▼　大块花岗岩，有些表面做抛光处理，有些纹理粗糙，作为该楼层西部青苔覆盖区的平台和边缘。

▶　位于会议室附近一个小凹槽的砾石床上，石雕的光滑平面与粗加工的表面形成和谐的对比。

▲ 作为楼层西庭空间的中心焦点，一
座如雕塑般的螺旋式楼梯立在第48层和
第49层之间。

### 和

　　禅宗学者铃木大拙在《禅与日本文化》(1959)中提
出，和禅僧的圆满一生相同，禅宗艺术也必须包括和、
敬、清、寂[1]。在日本园林中，"和"的概念体现在园林构图
中，它需要平衡各种反差的元素，例如厚厚的青苔与流
动的砾石河，在白色石膏墙前设置排列有序的景观石，
或是抛光石地板上凸起的青苔床，皆需和谐搭配，相映
成趣。

# 命运庭园
## UNMEI NO TEIEN

拉脱维亚科克内塞
2006至今

▶　枡野俊明获奖设计草图，展示出
空间的变化以及从关心日常生活到反
省自身的转变。

　　命运庭园是枡野俊明的一个独特设计，因其已持续
建设十余年，且大部分建筑由非专业人士完成。该设计
始于2005年"命运庭园"国际设计大赛提案，并在拉
脱维亚人民的支持和帮助下逐步建成。该赛事旨在创造
一个空间，以供拉脱维亚人民在此纪念20世纪被纳粹
杀害的数十万本国公民。纳粹军队于1941年中期占领
拉脱维亚，有组织地杀害犹太人和吉卜赛人，以及反对
被占领或持与纳粹教条相反政治观点的人士。在近4年的
种族及政治清洗中，多达60万名拉脱维亚人丧生。

　　庭园位于科克内塞一个政府资助的公园内。科克内
塞是道加瓦河流域的历史悠久小城，位于拉脱维亚首
都里加以东约100千米处，以风景优美而闻名。该城由
一座13世纪的古堡建筑群废墟形成，曾经俯瞰道加瓦
河，但因1965年建造水坝发电淹没河谷而导致现在城
市部分被淹没。

　　拉脱维亚一批杰出的公民与科克内塞市政府合作成
立了基金会，对公园与纪念馆给予资助。计划在道加瓦
河中岛屿上选址，建立一座面积为22公顷的公园，名
为命运庭园，将此作为礼物，在拉脱维亚建国100周年
之际献给国家。2005年的纪念场地设计大赛，吸引了
全世界共207个作品参赛，枡野俊明的方案最终获胜。

　　为准备比赛，枡野专门研究了拉脱维亚的宗教史。他
了解了拉脱维亚历史上的多神教文化，神居住于岩石、河
流和山川中，与日本没有什么不同。理解和感受大自然的
神圣之处是他设计的起点。作为对已逝去人们的纪念以及
感受神圣、治愈精神的空间，枡野对景观的主要规划即他
所谓的"无限乐章"组合。此乐章由七部分组成，包含一
个序曲和六个乐章，其理念是让每位游客在此都有自己独
特的体验，并创作个人乐曲作为无限乐章的一部分。

◀　庭园设计模型，展示位于广阔公园区域内的命运庭园，该设计充分利用树木繁茂区域、连绵起伏的丘陵及河畔位置。

▼　蜿蜒小径，引导游客穿过广阔庭园的每个区域，而轴向人行道则提供直达河边圆形剧场的路线。

◀ 随着施工进行，庭园主体部分的特色空间初具规模。宽阔笔直的人行道首先通向纪念广场，然后越过"泪河"，穿过"纪念山"，最后到达"圆形剧场"。

▼ 庭园"颤抖"乐章部分的圆柱形展览空间，意在展示在20世纪纳粹占领下丧生的60万人的名字。

"无限乐章"以序曲开始，在一条宁静蜿蜒的小路漫步，穿过针叶林，枡野将其命名为"宁静"。第一乐章"颤抖"紧随其后，由一个螺旋式设计的旱庭构成，象征永恒，并展出60万死难者的名字。走过旱庭，又是一条蜿蜒小路，路尽头是一条笔直狭长的人行道——一条从入口通向终点的轴向连接通道。由这条人行道转向河流，引导游客前往第二乐章"誓言"。第二乐章由一个宽阔弯曲的广场构成，被称为"纪念阵线"。通过"纪念阵线"，游客可以看到从地面升起的巨大半圆形碎石山墙，半圆形护城河将其与广场隔开。笔直的人行道越过被枡野称为"泪河"的河流，穿过被称为"纪念山"高岩壁的断口。"纪念山"由60万块碎石构成，每块碎石象征一位逝者。岩石覆盖的山丘环绕形成第三乐章"祈祷"，这是一个祈祷和反思的空间，缓缓向下倾斜到河边。人行道一直延伸到河边，岸边没有合拢的圆圈在水面形成一个倒影池，这就是"圆形剧场"。游客可以将鲜花放入水中，思考命运的主题时，也可以想想自己的人生和际遇。

枡野设计的第四乐章主题是"安慰"，一条蜿蜒的小径从"纪念阵线"广场边缘开始，穿过岛上现有的

森林区域。这条小径让游客先沿着河岸行走，再穿过古树，从而感受时间和历史的流动。由"安慰"引向第五乐章"觉醒"，这一乐章的重点是"花田"，由一座丘陵组成，开阔的山坡上开满野花，在山上可以欣赏河流景色，并通过盛开的鲜花将游客与季节的变化联系起来。第六乐章也是最后一个乐章，主题为"心愿"，沿"永恒之路"通向最后一个目的地——"拉脱维亚之心"，游客可以将自己的愿望写在未来的留言板上。留言板附近的景观与主体建筑和谐统一，包括博物馆、书店、礼堂、餐厅和咖啡馆。

庭园于2006年开始建造，有10万人捐款和参与建设。十年间，市民们收集了60万块岩石，建造"纪念山"和周围的"泪河"。目前，这条宽阔笔直的小径与"圆形剧场"的轴线通道直接相连，从公园入口穿过树木小巷，并越过"泪河"。随着庭园其他部分的逐步建成，以及"无限乐章"最终完工后，游客可体验沿陆地、河流和纪念山的特色人行道，纪念已逝去的人。人行道在经过倾斜岩壁时变窄，当游客继续穿过草坡走向"圆形剧场"和倒影池时枡野创造了一个内省和回忆的空间。

尽管整个庭园建成还需多年，但当地民众的参与度很高，建设工作仍在持续进行。从广阔的景观到通道尽头的环绕水系，枡野的理念是通过感知大自然的神圣来创造一处纪念死难者和反思个人生命的景观，这一理念在命运庭园中逐渐展开。

**设计原则**

### 超脱俗世

要达到佛教中超脱俗世的理想境界需要修行多年，但枡野俊明认为短期内的超脱也可以达到。利用景观的突变，比如从封闭空间、隧道空间转到开放区域，能够帮助游客忘记日常的烦恼和忧愁。置身庭院中，游客"可以意识到大自然对人类的意义和人类的存在价值"。[1]

▼ 项目模型展示了"圆形剧场"设计，阶梯部分向下延伸至道加瓦河边缘一处安静点。每一层空间都作为一个门槛，引导游客将思想从日常活动中解脱出来，充分进行自我反思。

# 术语表

**A**

**庵治石**：产自日本四国岛的花岗岩，也称为金刚石花岗岩

**B**

**不均齐**：不对称的意思

**鼻根**：佛教术语，"六根清净"中的六根之一，表示嗅觉

**布施波罗蜜**：梵文，佛教布施之意

**布施**：慈善或给予，是佛教六大修行（六波罗蜜）之一，描述了开悟之道，也叫布施波罗蜜

**白川砂**：白色的豌豆砾石

**北海道铁杉**：俗称日本北部铁杉，一种原产于日本的针叶树种，可作为庭园树木（译者注）

**壁龛**：日式建筑中和室的一种装饰空间

**C**

**场地解读**：设计师现场认识、理解场地的一种手段（译者注）

**池泉洄游式庭园**：带池塘的漫步式庭园

**超脱俗世**：脱离日常世俗世界

**草鞋**：中国人发明的一种鞋，既透水又透气，轻便防滑且廉价，还有按摩保健作用（译者注）

**镰仓时代**：1185—1333，日本历史时期之一，在此期间，净土宗和禅宗佛教建立

**侘寂**：日式美学观念，认为美包括谦逊、不完美和孤独等

**侘茶**：基于侘寂美学观念的茶道风格

**床柱**：和室凹间的主柱

**椿**：一种普通的日本山茶花

**草**：非正式的美学原则，亦可见真行草

**曹洞禅**：佛教禅宗南宗五家之一，在日本为佛教禅宗三大流派中最大的一支，强调将冥想作为开悟的手段

**D**

**地**：佛教五轮之一

**大果山胡椒树**：常绿乔木，喜光耐阴

**大圆镜智**：佛教四智之一，即洞悉一切事物的智慧，象征为一面大镜子，反映一切事物的真实存在

**地被植物**：可分为草木地被和木本地被

**地心**：即"土地的心"，也就是场地的精神

**灯笼**：一种露天装饰物

**蹲踞**：在庭园茶庭中，低矮的石雕水盆，用于洗手和漱口。因其低矮，洗手时需要低头弯腰，以示谦卑的姿态

**E**

**阿弥陀**：在净土宗佛教中被视为大救世佛或"无量寿佛"

**阿弥陀佛**：净土宗本尊佛

**耳根**：佛教术语，"六根清净"中的六根之一，表示听觉

**F**

**风**：风或气，佛教五轮之一

**飞鸟时代**：592—710，佛教传入日本的时期

**佛坛**：祖传的佛教圣坛，通常是一张木桌或装有佛教圣像的柜子

**佛堂**：供奉佛坛的房间，或佛坛

**分趾工作鞋**：也称足袋

**仮名**：日语音节，见平假名和片假名

**G**

**关西**：日本地理区域，包括大阪市、京都市以及周边七个县

**关东**：日本地理区域，包括东京和周边七个县

**感觉**：心情、态度

**共生**：即"共存"，佛教术语

**桧叶金发藓**：一种苔藓植物

**H**

**和**：和谐

**和纸**：一种用桑树的内皮制成的传统日本纸

**和室**：地板上铺有榻榻米的日式房间

**黑橄榄**：多刺黑橄榄树或低矮的观赏树

**火**：佛教五轮之一

**洄游式庭园**：日式庭园风格的一种，可供游人走进去赏玩（译者注）

**J**

**简素**：简单、朴素

**净土**：佛教术语，即西方净土极乐世界

**净土宗**：佛教宗派之一

**姬沙罗**：地被植物紫茎属

**假山**：用于庭园中造景而构筑的山

**假名**：日语音节，主要用于外来词

**鉴赏式庭园**：从固定位置欣赏的庭园

**借景**：园林设计中常用的造景手段之一，可分为近借、远借、邻借、互借、仰借、俯借、应时借7类

**K**

**开悟**：佛教术语，表示开悟或精神觉醒

**枯山水**："干枯的山与水"，结合岩石组合与砾石河床的一种庭园类型，岩石和砾石河分别代表山脉与海洋

**枯高**：简陋、枯燥、干巴巴之意

**空**：佛教术语，也即虚空，佛教五轮之一

**空间**：物质客观存在的形式

**可变性**：可变性、易变性

**L**

**留白**：空白、留白之意

**留白之美**：空白之美或留白之美

**六根清净**：佛教中认为的六种感官（五种感官加直觉）

**六波罗蜜**：佛教中通往开悟的六种修行

**龙门**：传说中的中国之门，位于波涛汹涌的海洋中，能通过的鱼变成龙——一种以力量和同情心而闻名的生物

**龙门瀑**：即"龙门瀑布"，禅宗佛教术语，指的是在开悟之路上的修行。体现在庭园上，一组岩石组合代表鲤鱼逆流而上试图登上瀑布并跃过"龙门"

**龙柏**：桧柏变种，龙柏长到一定高度，枝条螺旋盘曲向上生长，好像盘龙的姿态，故名"龙柏"（译者注）

**罗马字**：将日语音译成拉丁字母的系统

**柃**：分布于东亚，一种与榉木有亲属关系、通常用于日本神社的观赏性常绿植物

**见立**：字面意思是"重新看到"，即以全新的眼光看待事物

**M**

**满天星**：日本本土开花灌木

**木屐**：日式木制分趾拖鞋

**末法**：佛祖死后佛法衰败的年代；佛教三大时期之一。佛法共分为三个时期，即：正法时期、像法时期、末法时期。释迦牟尼佛入灭后，五百年为正法时期；此后一千年为像法时期；再后一万年为末法时期（译者注）

**木斛**：即厚皮香，山茶科常绿乔木。日本江户时代起常见的景观植物，与松树和冬青并称为"庭木之王"（译者注）

**麦冬**：也称麦门冬或矮麦冬

**N**

**奈良时代**：710—794，日本历史时期之一，在此期间，贵族阶层深受中国文化的影响，包括佛教的影响

**P**

**菩提达摩：**5世纪时期的僧人，将禅宗佛教从印度传入中国

**平安时代：**794—1135，日本宫廷贵族文化盛行的历史时期之一

**磐座：**石座，供奉神道教神祇的圣石

**盆栽：**盆景植物，将矮树种植在容器中并修剪成成熟树木的样子

**蓬莱：**中国神话中代表长生不老的神秘仙岛，在奈良时代和平安时代的日本庭园中被象征性地使用

**平假名：**主要用于日语单词的音节，多由汉字的草书演化而来

**片坪：**计量单位，大小等于两张榻榻米地垫（1.8米×1.8米）

**坪庭：**小型室内庭园

**凭代：**又称"依代"，神道教中能够吸引神祇的物体，如树木、岩石等

**Q**

**气：**地球的基本能量，日语中叫"ki"

**气心：**佛教术语，表示同情心

**青栲：**一种中型落叶乔木

**千两花：**又称草珊瑚

**漆：**用中国漆树的汁液制成，在日语中被称为"urushi"

**漆和纸：**用日本漆处理过的瓦西纸

**S**

**石：**岩石或石头，日语还可以称为"seki"

**石心：**即"岩石精神"，佛教术语，意为坚不可摧的精神

**石立僧：**叠山置石的僧人，既是僧人，也是园林设计师

**石蕗：**又称大吴风草、日本银叶草

**顺应岩石的要求：**向自然学习，来源于11世纪的造园手册《作庭记》

**榊：**日本神社中使用的一种神圣常绿植物

**三昧：**梵语"禅定"的意思，佛教术语，表示通过冥想达到高度专注的状态

**山红叶：**又称日本山枫或红枫

**沈丁花：**即瑞香，也称达芙妮，常绿小灌木，原产于中国长江流域以南和日本（译者注）

**手水钵：**用于冲洗手和嘴，作为净化的石盆

**思眼根：**佛教术语，"六根清净"中的六根之一，表示视觉

**舌根：**佛教术语，"六根清净"中的六根之一，表示味觉

**室町时代：**1333—1573，日本历史时期之一，在此期间，艺术和文化受到禅宗佛教的影响而蓬勃发展

**设计观赏者的心：**根据庭园的功能来设计，从而满足观赏者的心（译者注）

**四方佛：**四个主要方向的佛像

**身根：**佛教术语，"六根清净"中的六根之一，表示触觉

**神道：**即日本神道教，日本本土宗教

**生花：**即插花艺术

**水：**佛教五轮之一

**水琴窟：**一种埋在地下的陶罐，滴水时会发出叮咚声，用于园林造景

**T**

**太鼓桥：**日本拱桥的一种，因为隆起的拱形规整，像半边太鼓，称为"太鼓桥"（译者注）

**土桥：**被泥土和苔藓覆盖的桥

**町家：**即传统联排别墅，通常是带有底商的商人住宅

**脱俗：**摆脱依附

**唐代：**618—907，中国历史朝代之一，在此期间，佛教对中国文化产生极大的影响

**榻榻米：**稻草编织的地垫，通常尺寸为0.9米×1.8米

**省脱石：**即"换鞋石"，进入或离开建筑时用来换鞋的石头，通常出现在庭园缘侧处

**W**

**五大：**佛教术语，又称"五轮"，表示构成宇宙的五种元素——地、水、火、风、空

**五大元素：**印度语中表示构成宇宙的五种元素（地、水、火、风、空），日语中用五轮或五大表示

**五轮塔：**由五轮石头堆叠而成的塔，每轮代表佛教的五种道德之一，也叫"五道塔"

**无我：**一种无私的状态

**无心：**禅宗佛教术语，意思是心灵放空，吐故纳新

**无常：**佛教术语，与短暂、易变有关

**万年青：**多年生常绿草本植物，原产于中国南方和日本，是很受欢迎的优良观赏植物（译者注）

**X**

**心：**精神、心灵、思想

**行：**半正式的美学原则，亦见"真行草"

**修行：**佛教术语，修行或训练

**玄关：**即门厅，日本玄关一般是下沉式设计

**细石：**由圆形鹅卵石制成的砾岩，被发现于京都郊外的山上

**Y**

**一期一会：**意思是"一生一次"，与茶道和禅宗佛教中"无常"的概念有关

**意根：**佛教术语，"六根清净"中的第六根，表示直觉

**意识：**感觉、感知，客观事物在人的头脑中的反映

**伊势锖砂利：**日本伊势地区的锈色豌豆砾石

**羊齿：**又称凤尾草，一种蕨类植物

**隐与见：**即"消失和出现"，庭园设计领域的术语，表示隐藏和显现的概念

**円：**日本货币单位

**缘：**意为独特的联系或密切的关系

**缘侧：**室内外露台的延伸部分，向庭园伸出并被悬垂的屋檐遮蔽

**苑路：**庭园小径

**延段：**石头铺路的方式，通常由许多河石紧密地排列在一起，形成一条矩形步道

**寓意：**象征之意

**以心见诚：**热情好客的精神和无微不至的服务，且不求任何回报

**御柱：**在日本神社中竖立的一种特殊的柱状树干

**幽玄：**一种神秘、深邃而又精妙的优雅

**Z**

**真：**正式的美学原则，亦见真行草

**真行草：**正式一半正式一非正式，一种日式美学原则的分类

**真壁：**柱子外露的墙

**作务：**指在禅寺中进行的体力劳动，作为精神修行的一部分

**作务衣：**僧人的工作服，宽松的裤子和领口斜交叉系在一侧的上衣

**自由奔放：**一种自由和不受约束的状态

**折方：**折纸艺术

**障子：**用半透明纸覆盖的木格子屏风

**注连绳：**一种用来包裹神道物品或划分区域的绳索

▲ 在日本横滨的听闲庭中，踏脚石穿过一条砾石河，通往一个蹲踞水盆。

# 注释

## 现实的本质

1 枡野俊明，"现代都市中的日本庭园"，《共生的设计》，东京：电影艺术出版社，2011，第34页

2 长友重典，日本禅宗佛教哲学，斯坦福哲学百科全书，2020年春季版，https://plato.stanford.edu/archives/spr2020/entries/japanese-zen/；2020年1月26日可访问

3 同上

4 梦窗疏石（1275—1351），著名书法家、诗人和园林设计师，也是一位受人尊敬的禅宗大师，因建造了几座著名的禅寺而闻名

5 一休宗纯（1394—1481），一位古灵精怪的禅僧和诗人，他用幽默的诗歌批评宗教和文化，对当时的日本艺术和文学产生了深远的影响

6 村田珠光（1423—1502），通常被认为是融合了禅宗思想的日本茶道的创始人，禅宗僧人，他跟随一休宗纯研究宗教，跟随另一位大师学习绘画和插花

7 枡野俊明，"枡野俊明：静寂之庭"，《满足人类基本需求的艺术：卑尔根大学医学部大楼》，挪威奥斯陆：公共艺术管理局，2009，第26页

8 斯蒂芬·阿迪丝和约翰·戴多·劳瑞，《禅宗艺术书：启蒙的艺术》，波士顿和伦敦：香巴拉出版社，2009，第10页

## 第一部分　私人住宅中的庭园

1 枡野俊明，"禅宗、石头与对话"，《禅宗精神下的风景——枡野俊明作品集》（过程：建筑专刊第7期），东京：过程建筑公司，1995，第8页

2 在千利休之前，茶道一直是奢侈的事情。随着日本茶道观念的转变并与佛教产生更多的联系，千利休在完善茶文化艺术的形式方面发挥了重要作用，他强调节俭、质朴、缺憾美或侘寂

3 枡野俊明，"先于自我"，《共生的设计》，东京：电影艺术出版社，2011，第42页

4 枡野俊明，"不彰显自我"，《共生的设计》，东京：电影艺术出版社，2011，第56页

## 水映庭

1 枡野俊明，"设计访客的心"，《共生的设计》，东京：电影艺术出版社，2011，第48-50页

## 培养意识：枡野俊明的园林设计思想与过程

1 枡野俊明，"共存设计概要"，未发表的论文，2012

2 枡野俊明，"设计哲学"，http://www.kenkohji.jp/s/english/philosophy_e.html，2019年6月12日可访问

3 Marc P. Keane，《日本庭园设计》，佛蒙特州拉特兰和东京：Charles E. Tuttle出版社，1996年，第50页

4 枡野俊明，"共存设计概要"，未发表论文，2012

5 Tinglum 和 Steihaug，"枡野俊明：静寂之庭"，《满足人类基本需求的艺术：卑尔根大学医学部大楼》，挪威奥斯陆：公共艺术管理局，2009，第26页

6 有关冥想背后科学的信息，请参阅美国国立卫生研究院（NIH）网站上的"冥想：深入"一文；<https://nccih.nih.gov/health/meditation/overview.htm#hed3>；2019年6月13日访问

7 "布拉特曼描述自然科学对心理健康的影响"，美国国立卫生研究院国家补充和综合健康研究中心博客<https://nccih.nih.gov/research/blog/Bratman-Describes-Science-of-Natures-Effects-on-Psycho-

logical-Health>; 2019 年6月13日访问

8 枡野俊明，"共存设计概要"，未发表论文，2012

9 同上

10 枡野俊明，"运用否定加以肯定"，《共生的设计》，东京：电影艺术出版社，2011，第189页

11 同上

12 枡野俊明，"共存设计概要"，未发表论文，2012

13 同上

14 同上

15 EphratLivni，"这个整合思想、身体和精神的日语词也在推动科学发现"，Quartz，<https://qz.com/946438/ ko-koro-a-japanese-word-connecting-mind-body-and-spirit-is-also-driv-ingscientific-discovery; 2019年6月13日访问

16 Kawai Toshio，"来自主任的问候"，京都大学心未来研究中心，<http://kokoro.kyoto-u.ac.jp/en2/aboutus/greetings/>，2019年6月13日访问

17 枡野俊明，"何为庭园"，《共生的设计》，东京：电影艺术出版社，2011，第12页

18 枡野俊明，"设计哲学"，《共生的设计》，东京：电影艺术出版社，2011

19 2018年3月19日在建光寺采访枡野俊明

20 枡野俊明，"阅读场域"，《共生的设计》，东京：电影艺术出版社，2011，第70页

21 枡野俊明，"设计访客的心"，《共生的设计》，东京：电影艺术出版社，2011，第48页

22 同上，第48-49页

23 Takei Jiro 和 Marc P. Keane，《作庭记：日本庭园的愿景》，佛蒙特州北克拉伦登：塔特尔出版社，2008，第4页

24 枡野俊明，"禅宗、石头与对话"，《禅宗精神下的风景——枡野俊明作品集》（过程：建筑专刊第7期），东京：过程建筑公司，1995，第9页

25 同上

26 同上

27 同上，第8页

28 米拉·洛克，"培养意识：枡野俊明在日本以外的禅宗庭园"，NAJGA杂志：北美日本庭园协会杂志，或：北美日本庭园协会，第5期。2018 年9月，第50页

29 枡野俊明，《禅宗、石头与对话》，过程：建筑专刊第7期，第7页

30 同上

31 枡野俊明，《日本造园心得》，大阪：国际庭园和绿化博览会纪念基金会，1990年，第13页

32 Tinglum和Steihaug，"枡野俊明：三贵庭"，第17页

33 久松真一，《禅与艺术》，东京：讲谈社，1971，第28-30页

34 枡野俊明，《禅宗庭园》，第三卷：枡野俊明的景观世界，东京：每日新闻社，2017，第5页

35 枡野俊明，"现代都市中的日本庭园"，《共生的设计》，东京：电影艺术出版社，2011，第34-35页

36 同上

37 同上，第34页

**第二部分　公寓中的庭园**

1 枡野俊明，《日本造园心得》，大阪：国际庭园和绿化博览会纪念基金会，1990年，第12页

2 枡野俊明，"共生设计"，《共生的设计》，东京：电影艺术出版社，2011，第80页

3 同上

▼ 在中国唐山的归稳庭中，两段长长的石砌步道相互交错，在小径交汇处制造了片刻的停顿。

4 同上

5 同上，第82页

6 同上，第81页

7 同上，第82页

8 同上，第80页

9 同上，第81页

**水月庭**

1 长友重典，日本禅宗佛教哲学，斯坦福哲学百科全书，2020年春季版，https://plato.stanford.edu/archives/spr2020/entries/japanese-zen/；2020年1月26日可访问

**设计结合生命短暂的材料和永恒的自然：米拉·洛克与藤森照信、枡野俊明的对话**

1 本次谈话于2018年10月13日在日本横滨的建功寺举行

2 藤森照信的首个建筑设计作品日本长野县的神长官守矢史料馆

3 日文中"Kokoro"一词也可译为"心"或"思想"

4 箱根和轻井泽是历史悠久的山区度假区，距离东京不远，历史上东京上层居民曾在此避暑

5 养老孟司，一位退休的解剖学教授、受人尊敬的理论家和畅销书作家

6 日建设计，于1900年在日本成立，是世界上最大的建筑事务所之一，拥有景观设计师、城市规划师和工程师等

7 虽然御柱的历史尚不清楚，但人们认为竖立柱状树干的仪式可以追溯到平安时代初期（8世纪末或9世纪初）。最著名的御柱祭仪式在藤森照信家乡附近的长野县诹访神社举行

8 伊东丰雄是获得普利兹克奖的日本建筑师，也是与藤森照信同时代的建筑师

9 藤森照信为2018年威尼斯双年展策划的梵蒂冈馆内的十个小教堂之一的参赛作品名为"十字教堂"

10 卡霍基亚遗址位于美国伊利诺伊州南部，与圣路易斯隔密西西比河相望，是前哥伦布时期美洲原住民城市定居点的所在地，包括土丘、取土坑和重建的巨木阵

11 梦窗疏石（1275 — 1351）学习真言宗和天台宗佛教，但后来皈依临济宗，成为受人尊敬的禅师。除了因建造几座著名的禅寺而闻名外，他还是著名的书法家、诗人和园林设计大师

12 平安时代从794年持续到1185年，被认为是日本古典时代的顶峰，此期间受到中国的影响，特别是受佛教和道教的影响非常大

13 伊势是日本三重县的一座城市，以拥有日本主要神社之一（伊势神宫）而闻名

14 直译为"山川草木悉皆成佛"，意思是佛性存在于万物之中

15 在这里，枡野俊明将汉字里表示树木的"木"（日语ki）和表示精神的"心"（日语kokoro）结合起来，得到"kigokoro"一词，通常写作"気心"，这是佛教中表示同情心的术语

16 位于近江八幡市的糕点店"La Collina"，由藤森照信为日本糖果制造商Taneya设计

17 清水建设株式会社成立于1804年，是一家拥有内部建筑师和工程师的国际总承包公司

18 和泉正敏，石材切割师和雕刻家，他出身于一个大师级石材切割师的家族，并与许多艺术家合作，最著名的是日裔美国雕塑家野口勇。和泉家族在日本四国岛上采石，制作

日本最优质的花岗岩

19 枡野俊明于2003年设计了位于德国柏林马察恩休闲公园的融水苑庭园

20 关东是日本地域的区域概念，包括东京和横滨（枡野居住的地方），还包括7个县

21 在这次谈话时，枡野正在跟进建功寺正殿的重建和新庭园的建造

**第三部分　公共和私人空间**

1 枡野俊明，《日本造园心得》，大阪：国际庭园和绿化博览会纪念基金会，1990年，第11页

2 枡野俊明，"因为无法留住，所以才美"，《共生的设计》，东京：电影艺术出版社，2011，第77-78页。

3 枡野俊明，"空间美育"，《共生的设计》，东京：电影艺术出版社，2011，第94页

4 同上，第95页

**坐月、清风苑、坐月庭**

1 枡野俊明"再度赋予生命"《共生的设计》，东京：电影艺术出版社，2011，第112页

**圆缘庭**

1 铃木大拙，《禅与日本文化》，新泽西州普林斯顿：普林斯顿大学出版社，1959年，第273页

**命运庭园**

1 枡野俊明，"让心发生变化"，《共生的设计》，东京：电影艺术出版社，2011，第65页

▲ 日本横滨听闲庭中的石蹲踞展示了一种美丽的有机形式，水盆的不规则形状使其美感更加突出。

# 参考文献

Addiss, Stephen, and John Daido Loori, *The Zen Art Book: The Art of Enlightenment*, Boston and London: Shambhala Publications, 2009.

Dumoulin, Heinrich (trans. James W. Heisig and Paul Knitter), *Zen Buddhism: A History,* New York: Macmillan Publishing, 1988.

Dumoulin, Heinrich (trans. Joseph O' Leary), *Zen Buddhism in the 20th Century*, New York: Weatherhill, 1992.

Fukuda Kazuhiko, *Japanese Stone Gardens:How to Make and Enjoy Them*, Rutland, VT,and Tokyo: Charles E. Tuttle, 1970.

Hisamatsu, Shinichi (trans. Tokiwa Gishin),*Zen and the Fine Arts*, Tokyo: Kodansha International, 1971; first published 1958.

Kawai Toshio, "Director' s Greetings," Kyoto University Kokoro Research Center, <http://kokoro.kyoto-u.ac.jp/en2/aboutus/greetings/>; accessed June 13, 2019.

Keane, Marc P., *Japanese Garden Design,*Rutland, VT, and Tokyo: Charles E. Tuttle,1996.

Kuck, Loraine, *The World of Japanese Landscape Gardens: From Chinese Origins to Modern Landscape Art*, New York and Tokyo: Weatherhill, 1989; first published 1968.

Livni, Ephrat, "This Japanese word connecting mind, body, and spirit is also driving scientific discovery," in Quartz,<https://qz.com/946438/kokoro-ajapanese-word-connecting-mind-bodyand-spirit-is-also-driving-scientificdiscovery>;accessed June 13, 2019.

Locher, Mira, "Cultivating Consciousness:Shunmyō Masuno' s Zen Gardens Outside Japan," in *NAJGA Journal: The Journal of the North American Japanese Gardens Association*, Portland, OR: North American Japanese Garden Association, issue no. 5,September 2018, pp. 47 - 54.

Locher, Mira, Zen Gardens: *The Complete Works of Shunmyo Masuno, Japan' s Leading Garden Designer*, Rutland, VT, and Tokyo: Tuttle Publishing, 2012.

Masuno Shunmyo, "Design Philosophy," <http://www.kenkohji.jp/s/english/philosophy_e.html>; accessed June 12, 2019.

Masuno Shunmyo (trans. Aaron Baldwin),*Inside Japanese Gardens: From Basics to Planning, Management and Improvement,*Osaka: The Commemorative Foundation for the International Garden and Greenery Exposition, 1990.

Masuno Shunmyo, Tomoike no Dezain *Coexistent Design*, Tokyo: Filmart-Sha, 2011.

Masuno Shunmyo (trans.Mira Locher), "Tomoike no Dezain no Gaiyō" [Summary of Coexistent Design]; unpublished essay,2012.

Masuno Shunmyo, *Zen Gardens Vol. III:The World of Landscapes by Shunmyo Masuno (Zen no niwa III: Masuno Shunmyo sakuhinshu 2010 - 2017)*, Tokyo: Mainichi Shinbunsha, 2017.

Nagatomo Shigenori, "Japanese Zen Buddhist Philosophy," in Edward N. Zalta (ed), *Stanford Encyclopedia of Philosophy*, Spring 2020 edition, forthcoming URL=<https://plato.stanford.edu/archives/spr2020/entries/japanese-zen/>; accessed January 26, 2020.

Nitschke, *Gunter, Japanese Gardens: Right Angleand Natural Form*, Cologne: Benedikt Taschend Verlag GmbH, 1993.

*Process: Architecture Special Issue No. 7,Landscapes in the Spirit of Zen: A Collection of the Work of Shunmyo Masuno,*Tokyo, Process Architecture Company Ltd,1995.

Ritchie, Donald, *A Tractate on Japanese Aesthetics*, Berkeley, CA: Stonebridge Press,2007.

Schaarschmidt-Richter, Irmtraud, and Mori Osamu (trans. Janet Seligman), *Japanese Gardens*, New York: William Morrow and Company, 1979.

Slawson, David, *Secret Teachings in the Art of Japanese Gardens: Design Principles and Aesthetic Values*, Tokyo: Kodansha, 1987.

Suzuki, Daisetz T., *Zen and Japanese Culture*, Princeton, NJ: Princeton University Press, 1959.

Takei Jiro and Marc P. Keane, Sakuteiki: *Visions of the Japanese Garden*, North Clarendon, VT: Tuttle Publishing, 2008.

Tinglum, Gerd, and Jon-Ove Steihaug (eds), "Shunmyō Masuno: Seigentei," in *Kunst for Manneskelige Basalbehov: Bygg for Biologiske Basalfag ved Universitetet IBergen*, Oslo: Kunst i Offentlige Rom, 2009.

▼ 在中国深圳的曹源一滴水墓园中，抛光的花岗岩球体映出云彩和天空。

## 致谢

　　本书是在分散于世界各地许多人的共同努力下完成的，由于人数众多，无法一一感谢，但每个人的心血都是本书重要的组成部分。我很感激枡野俊明对我的信任，让我来讲述他的故事，也很感谢他鼓舞人心的话语和作品。我衷心感谢日本造园设计事务所的枡野义彦、成川圭一和相原健一郎，以及藤森照信，对他们的合作精神、耐心和洞察力深表谢意。非常感谢我的合作伙伴村上隆之，他连接起了两个不同的国度和文化。最后，我想在此纪念托尼·阿特金（Tony Atkin），他是第一位向我展示日式庭园的人，使我走上了一条不断引领我穿越这个美丽而短暂的世界之路。

　　此外，枡野俊明对摄影师田畑美南表示衷心的感谢，他为枡野的作品拍摄了许多优秀的照片。

米拉·洛克